序

历史文化遗产是不可再生的宝贵资源，是前人留给我们的珍贵财富。2021年7月16日，国家主席习近平向第44届世界遗产大会致贺信，习近平指出，世界文化和自然遗产是人类文明发展和自然演进的重要成果，也是促进不同文明交流互鉴的重要载体。保护好、传承好、利用好这些宝贵财富，是我们的共同责任，是人类文明赓续和世界可持续发展的必然要求。在“一带一路”倡议的大背景下，古丝绸之路上的历史文化遗产传承与保护，具有十分重要的学术价值和时代意义。弘扬优秀历史文化传统，做好历史文化遗产的传承保护工作，可为实现中华民族伟大复兴的中国梦凝聚起磅礴的力量。

近些年来，工业遗产作为一项新型文化遗产类型，日益受到专家和学者的关注，研究成果渐趋丰富和多元。在清末洋务运动期间，甘肃是当时中国西部地区较早开始发展近代工业的省份，组建了一批颇具影响力的近代制造工厂，为甘肃留下了珍贵的近代工业遗产。民国时期，甘肃各地也产生了几个较有影响力的工矿企业，为中国民族工业的发展留下历史印记。中华人民共和国成立后，甘肃工业开始得到迅速发展，尤其在“一五”期间和“三线建设”时期，为了当时国家重工业发展和国防建设需要，甘肃各地建设了不少重要的工矿企业，这些工矿企业历经半个多世纪的发展，为甘肃留下了许多具有特色的现代工业遗产。2019年4月，第二批中国工业遗产保护名录发布，甘肃的兰州黄河铁桥（中山桥）、陇秦豫海铁路（陇海铁路）、白银有色金属公司、刘家峡水电站、兰州自来水公司第一水厂等五个项目成功入选。这些近现代工业遗产与诸多历史文物一样，是一批珍贵的文化遗产资源，值得我们进行保护和研究。尤其在当前“一带一路”时代背景下，为了更好把握新时代国家发展机遇，各地在深入挖掘本地区资源优势时，面对工业遗产这一新型文化资源领域，对其进行保护、研究和利用就显得十分必要。

第三次全国文物普查之后，甘肃省文物管理部门将一批具有代表性的工业遗产纳入不可移动文物序列进行管理，但如何保护和利用这些工业遗产，对其进行系统的调查和研究，从目前省内的情况来看还是不够深入和充分。嘉峪关市依托酒钢公司的发展，在“一五”期间就开始了声势浩大的建设活动，留下了不少现代工业遗产，其蕴涵的学术价值及现实意义，值得我们予以认真梳理和揭示。

《嘉峪关市工业遗产调查与保护利用研究》是一部系统研究嘉峪关市工业遗产的著作。该书从工业遗产的基本概念出发，界定工业遗产价值，梳理工业遗产保护与研究领域的学术脉络，以及国内外的研究现状，具有开阔的视野。该书的作者许海军，长期在嘉峪关文物保护一线工作，对这里的历史文化遗产情有独钟，有着丰富的专业经验和良好的学术功底，也有长期调查研究的实践基础，是嘉峪关文物保护领域的专家。许海军参加了嘉峪关市第三次全国文物普查工作，对这里的工业遗产如数家珍。他从工业遗产保护和利用的专业角度，对嘉峪关市工业遗产进行系统调查和研究，无疑具有一定的便利条件。

该著作的核心部分按照工矿企业的生产性质，对嘉峪关市工业遗产进行了科学分类，并详细记录了工业遗产的保存情况，具有重要的资料价值。在此基础上，分析嘉峪关市工业遗产保存状况和特点，进而指出嘉峪关市工业遗产保护存在的问题。这些研究和分析，建立在充分和细致的实地调查基础之上，客观科学。作者通过与省内其他地区工业遗产的比较，提出了嘉峪关市工业遗产的保护对策，并在研究国内外工业遗产保护与利用成功案例基础上，提出嘉峪关市工业遗产保护与利用的模式，具有重要的现实意义。这也是这部著作的学术价值所在。

我与许海军相识于2018年4月。当时他作为第三批“陇原之光”访问学者，在西北师范大学历史文化学院研修。在研修期间，他选修了学院开设的《考古学概论》《文化遗产保护》《丝绸之路文明史》等课程。在平日的交流中，他多次谈到参加有关嘉峪关市文物普查和工业遗产调查的工作和所得。我们当时就觉得，对嘉峪关市工业遗产进行系统的调查、梳理和研究是一件具有重要意义的事情。三年多时间过去了，许海军坚持完成了这一工作，并将研究成果整理出版。看到他送来的厚厚一部著作，我由衷钦佩。该著作资料翔实，图文并茂，均是作者亲临现场调查和拍摄所得。阅读之时，我能体会到他艰辛的劳动和严谨的态度。当然，该著作只是他对嘉峪关地区工业遗产所做的一次尝试性研究，在涉及工业遗产科学技术领域，以及工业遗产可持续保护与利用等方面，还有进一步拓展的空间。期待他能以此著作为新的起点，在丝绸之路工业遗产调查和研究领域继续深入下去，取得新的成果。

何玉红
2021年10月22日于西北师范大学历史文化学院

前 言

随着世界各国对文化遗产保护工作的日益重视，工业遗产作为一类新型文化遗产逐渐引起社会各界的广泛关注。1986年，英国的铁桥峡谷（Ironbridge Gorge）工业遗址作为工业革命的发祥地被列入《世界遗产名录》，以及之后国际工业遗产保护协会（TICCIH）组织开展的旨在推动工业遗产保护、研究、文献整理和阐释等方面的活动，促使我国业内学者对工业遗产保护和研究工作日益重视。2006年，在无锡市举行了中国工业遗产保护论坛，首次提出了保护工业遗产的倡议。之后，国家文物局下发《关于加强工业遗产保护的通知》。2007年，第三次全国文物普查将工业遗产列为普查对象，各地开始对工业遗产进行普查。这些都体现了我国对工业遗产保护工作的逐步深入，也是各地开展工业遗产保护和研究工作的先声。

嘉峪关市是中国西北地区最大的钢铁企业——酒钢（集团）公司所在地。这里文化资源丰富，除了以万里长城—嘉峪关、新城魏晋砖壁画墓群、黑山岩画等为代表的传统历史文物资源外，还有特色鲜明的现代工业遗产资源。长期以来，嘉峪关市依托酒钢公司的建设而发展，工业作为其主导产业，一直影响着它现在和未来的发展。酒钢和配套酒钢生产的地方企业在半个多世纪的发展历程中，遗留下的工矿旧址、厂房建筑、机械设备、仓储设施、运输线路及后勤保障设施等工业遗产，类型丰富多样，具有一定的典型性和代表性，是一座亟待开发的新型文化资源宝库。

第三次全国文物普查期间，嘉峪关市普查组曾对全市工业遗产进行了一次摸底调查。由于工业遗产首次在全国文物普查中出现，与传统的文物普查相比，如何进行合理普查登记、如何科学界定工业遗产都是新的课题。所幸在2008—2011年间，国家文物局主编《第三次全国文物普查重要新发现》、甘肃省文物局主编《甘肃省第三次全国文物普查重要新发现》，以及兰州市文物局主编《兰州市工业遗产图录》等资料，为当时的普查工作提供了必要的信息，指导完成了工业遗产基础资料的收集工作。但这些资料反映的是全国或全省的普查工作，多为概括介绍各地新发现的工业遗产保存情况，没有深入分析当时工业遗产面临的许多具体问题，尤其是对即将消失的工业遗产如何进行保护、如何进行科学合理的改造和利用等，都留下诸多疑问，也为今后继续深入研究留下很大空间。

本书是在实地调查基础上，依据第三次全国文物普查相关工业遗产资料，对嘉峪关市工业遗产进行的一次系统研究。在调查过程中，全面收集、登记嘉峪关市工业遗产资料，基本摸清工业遗产保存状况。在研究过程中，通过系统整理和分析工业遗产调查资料，运用统计、定量、定性、比较等研究方法，划分工业遗产保存类型，分析工业遗产构成特点，构建工业遗产认定和价值评估标准。在此基础上，进一步厘清工业遗产保护存在的问题，提出加强工业遗产保护管理的对策，落实各方保护责任。同时，借鉴国内外工业遗产保护与利用的相关理论和研究成果，以及一些先进经验和成功做法，探讨工业遗产保护和利用模式，提出工业遗产保护和利用途径。最后，以“一带一路”发展理念为指导，挖掘工业遗产蕴含的历史、文化、科技和社会价值，丰富嘉峪关城市工业文化建设内容。

工业遗产承载着产业工人的历史记忆，见证着工业复兴和所在地区工业发展的历程。开展工业遗产保护和利用工作，可以丰富现代城市文化生活和空间格局，提升城市文化内涵，增添城市形象魅力。开展这项研究工作，就是希望对嘉峪关市工业遗产保护和利用工作做出一些有益探索，对工业文化内涵进行诠释，进一步揭示工业遗产价值，为城市工业文化建设和开展工业文化旅游提供一些思路和建议。工业遗产的保护、研究和利用是一项长期工作，由于作者自身的学识局限，本书存在错误和不足之处在所难免，敬请各位专家、学者和读者朋友们提出宝贵意见，以便继续修订，不断提高质量，共同传播工业遗产的价值。

目 录

第一章 工业遗产概述

18世纪60年代，英国发生工业革命，成为世界上第一个工业化国家。在其后近百年的工业发展过程中，随着生产技术进步，生产设备更新，工厂建筑、厂房的更替，原来遗留下来的工矿遗址、工业建筑的去留问题逐渐引起社会的关注。早期以英国为首的欧洲工业发达国家，最先开始了工业遗产的保护和研究工作。之后随着研究工作逐步深入，形成了具有实践性和指导意义的工业遗产保护理论。人们逐渐认识到工业遗产所蕴含的历史文化价值和科技审美价值，促成国际社会对工业遗产的广泛关注和重视，并成立专门的国际工业遗产保护机构，将一些具有典型价值的工业遗产列入《世界文化遗产名录》，这些工作成就极大地推动了工业遗产的保护工作。

第一节 工业遗产的概念与界定

一、工业遗产的概念

工业遗产的概念是随着工业遗产保护和研究工作的深入开展而逐渐形成的，在此之前，是以“工业考古”的概念出现在公众面前。20世纪60—70年代，英国等世界主要工业发达国家的学术界纷纷成立工业考古组织，研究和保护工业遗产，如英国的伦敦工业考古学会、美国的工业考古学会、澳大利亚的工业考古委员会等。[①] 成立于1978年的国际工业遗产保护委员会（TICCIH）是保护工业遗产的世界组织，也是国际古迹遗址理事会（ICOMOS）在工业遗产保护方面的顾问机构。2003年7月在俄罗斯下塔吉尔召开的 TICCIH 大会上，通过了由其制定和倡导的专用于保护工业遗产的国际准则《下塔吉尔宪章》。《下塔吉尔宪章》对工业遗产进行了较为权威的定义："工业遗产是具有历史价值、技术价值、社会意义、建筑或科研价值的工业文化遗存。包括建筑物和机械、车间、磨坊、工厂、矿山以及相关的加工提炼场地、仓库和店铺，生产、传输和使用能源的场所、交通基础设施。除此之外，还有与工业生产相关的其他社会活动场所，如住房供给、宗教崇拜或者教育。"[②] 这一概念对工业遗产的范畴进行了规定，在内涵上紧扣住了工业遗产的价值体系，外延上基本涵盖了工业文明的各种遗迹。

2011年11月，国际古迹遗址理事会（ICOMOS）第17届大会通过了《都柏林原则》。《都柏林原则》所围绕的核心是"工业遗产遗址、结构、区域和景观"，特别强调了"区域和景观"，说明工业遗产保护的"完整性"问题提升到一个新的高度，其中被工业遗产保护所忽视的环境与非物质文化遗产等问题在《都柏林原则》中得到加强。[③]

我国对工业遗产概念的定义来源于《无锡建议》。2006年4月18日，为了响应当年国际古迹遗址日"重视工业遗产，提高对其价值的认识，并对工业遗产采取保护措施"的主题，由中国古迹遗址保护协会、江苏省文物局和无锡市人民政府主办的中国工业遗产保护论坛在江苏无锡举行。中国工业遗产保护论坛探讨了长期以来被忽视的近现代工业遗产的价值，审视中国工业遗产保存的现状，研究未来关于工业遗产的保护理念和举措的确立。论坛发表了关于工业遗产保护的行业

---

① 国家文物局文保司、无锡市文化遗产局编《中国工业遗产保护论坛文集》，凤凰出版社，2007。

②《工业遗产之下塔吉尔宪章》，《建筑创作》2008 年 8 月。

③ 季宏：《〈下塔吉尔宪章〉之后国际工业遗产保护理念的嬗变——以〈都柏林原则〉与〈台北亚洲工业遗产宣言〉为例》，《新建筑》2017 年第 5 期。

共识性文件《无锡建议——注重经济高速发展时期的工业遗产保护》。[①]

《无锡建议》提出的工业遗产是指具有历史学、社会学、建筑学和科技、审美价值的工业文化遗存，包括工厂车间、磨坊、仓库、店铺等工业建筑物，矿山、相关加工冶炼场地、能源生产和传输及使用场所，交通设施、工业生产相关的社会活动场所，相关工业设备，以及工艺流程、数据记录、企业档案等物质和非物质文化遗产。这一表述基本延续了国际上对工业遗产的概念并提出有针对性指向，符合国内工业遗产的基本现状，为今后工业遗产的认定、保护和研究打下较好基础。

二、工业遗产界定

为了保护和利用工业遗产，科学界定工业遗产就显得尤为必要。但如何界定工业遗产，目前国际上还没有公认的标准，长期以来国内外学界都有不同的看法。国际社会对工业遗产的界定在《下塔吉尔宪章》中进行了表述："该会议的代表一致认为，为工业活动建造的建筑和构筑物、工业生产过程与使用的工具，工业生产所在的城镇以及形成的景观，以及其他物质和非物质载体，都具有同等的重要性。应该研究、讲授它们的历史，探索和界定它们的价值，认定最具代表性和特色的案例，以《威尼斯宪章》为指导来实施保护和维护。"[②] 从中可以看出，国际上对工业遗产界定的范围比较广泛，包括属于物质属性的工业建筑物、生产工具和非物质属性的景观、历史文化等，最大限度地保护工业文明的各种遗迹、遗物和文化类型。

国内有学者参照世界遗产委员会对于文化遗产突出的普遍价值的评估标准，在工业遗产界定方面尝试建立了以下几个标准：一是在工业文明中具有创造精神的代表作；二是在一段时期内或某一区域内，对工业发展或与之相关的设施、景

---

①《无锡建议——注重经济高速发展时期的工业遗产保护》，《建筑创作》2008 年 8 月。

②《工业遗产之下塔吉尔宪章》，《建筑创作》2008 年 8 月。

观设计的发展产生过重大影响；三是能为已消逝的、在工业文明史上曾具有重要影响的工业场所、建筑或与之相关的设施、景观提供独特的或至少特殊的见证；四是技术、工艺、材料、能源或生产管理运行模式的杰出范例，可展现工业文明史上一个（或几个）重要阶段；五是传统工业模式的杰出范例，代表一种（或几种）生产力发展阶段或者人类与环境的相互作用，特别是在不可逆变化的影响下变得易于损坏；六是与具有突出的普遍意义的事件或传统、观点、信仰、艺术作品或文学作品有直接或实质的联系（与其他标准一起使用）。① 这些标准对中国现存的工业遗产做了进一步的分析考察，对界定工业遗产具有一定的参考价值。

第二节 工业遗产价值

工业遗产虽然只有二百多年的历史，但它是迄今为止人类最富活力和创造性的文明之一，也是人类宝贵的精神财富，它不仅记载了工业文明的发展历史，承载了历史、科技、文化、艺术等价值，同时工业遗产本身还具有经济、政治、社会教育等功能和价值。工业遗产作为世界文化遗产的一部分，它除了具备一般文化遗产的价值外，还有其自身鲜明的特色。综合分析可以看出，工业遗产主要有以下几个方面的价值。

一是历史价值。工业遗产是历史的产物，它真实地反映了一个地区、一个国家或某一行业的发展情况，反映出某一历史时期的生产技术和生产力水平。正如不同时期的石器可以反映当时人类制作工具和掌握工具的水平、可以揭示人类当时改造自然的能力、可以提供重要的历史考古线索、是历史进程中的一个重要环节一样，工业遗产也可以成为历史发展阶段性的标志，不但可以在总体上反映工业社会生产、生活器物的变化特征，而且可以反映某一工业门类的发展阶段，成

① 刘翔：《工业遗产的认定及价值构成》，《滨州学院学报》2009 年 8 月。

为该门类工业发展的见证。[①]随着生产力的发展和工业技术的革新，新的产业形式取代了原来的产业，进而导致老工业区遗留下大量的工业遗产。这些工业遗产是一定历史时期人类生产活动的产物，记录了特定时期特定地区特定产业的发展情况。它对于人们了解工业文明的发展、工业技术的革新、工业组织的变更以及工业价值的变化，都有着无可替代的作用，是人类工业文明的重要历史见证，具有重要的历史价值。

二是科技价值。工业生产的特点决定了工业遗产作为文化遗产的鲜明特点就是所蕴含的科技价值。工业技术更多地体现了在科学理论指导下形成的技术原理和技术发明，这些技术发明无论是生产设备、生产工艺还是技术产品，均包含相应的科学技术知识。工业生产过程最直接地见证了科学技术在生产活动中所发挥的重要作用，科学发明和技术创造在工业生产中最能体现人类的智慧精神。工业遗产本身所包含的科学知识、技术知识都是从事科学技术研究人员最直接的研究范本，其中的技术信息可以成为后人从事技术发明和技术创造工作的重要借鉴。“工业遗产是科学技术的产物，无论是厂房设施，还是机器设备，无一不代表了当时最为先进的科学技术水平，是一个时期展示工业科技、技术科学、建筑科学的重要窗口之一。工业遗产中蕴藏的科学技术信息，对我们今天认识科学技术发展历史，启迪科学技术发展方向等有着重要的价值。”[②]

三是文化价值。工业遗产是工业文明或工业文化的重要载体，是人类历史文化的重要组成部分。工业遗产是物质文化遗产，是工业社会的历史文物，它本身即具有文物价值。工业遗产见证了城市，尤其是工业城市的发展历程，对城市和社会发展有着重要的促进作用，承载着一代甚至几代人的回忆和情感。“作为工业时代城市发展的主要核心，工业遗产是城市精神的重要纽带与延续渠道。它承载着生产活动中人们的共同体验、劳动和智慧、情感与回忆，并将这些信息以及

---

① 姜振寰：《工业遗产的价值与研究方法论》，《工程研究》2009 年 12 月。

② 陈元夫：《工业遗产价值与开发》，《企业文明》2017 年 4 月。

工人的历史贡献和崇高精神通过物质或非物质的形式传递到现在以至于未来，是城市，尤其是工业城市文脉传承的重要载体。除此之外，凝结在工业遗产中的企业文化、企业精神、企业理念，作为重要的非物质文化遗产又有着十分深远的教育意义。”①

四是艺术价值。在工业发展的各个历史阶段，那些具有代表性的工业厂房、车间、仓库、管理生活用房、火车站等，或规模宏大，或设计精巧，或中西合璧，都因能体现特定时期和特定区域的风格、流派、形式与特征而具有它独有的艺术价值。与一般建筑艺术不同，工业遗产的艺术价值体现在建筑艺术与实用主义的相互糅合中，尤其是高品质的工业遗产更能完美体现这一点。工业遗产特有的大尺寸空间、大尺度构筑物，如生产设备、管网线路、钢铁巨件、索道流线等，给人以震撼感、力量感，还有工业遗产区的各类工业元素组合成特有的工业风貌等，这些都为工业遗产在视觉上增添了特殊的艺术感染力。“与农业社会相比，工业生产工具或产品结构复杂，更新换代快，设计的复杂化和艺术化，使其本身也具有很强的艺术品位，可以反映出不同历史时期及不同民族、地区人们的审美价值。有许多产品如早期的‘老爷车’、相机、钟表、留声机等都已成为价值不菲的收藏品，更有不少产品本身就是一件工艺艺术品。”②

五是经济价值。《下塔吉尔宪章》提出：“将工业遗址改造成具有新的使用价值的资源使其安全保存。这种做法是可以接受的，而遗址具有特殊历史意义的情形除外。新的使用应该尊重重要的物质存在，维持建筑最初的运行方式，尽可能地与先前的或者是主要的使用方式协调一致。”“改造和使用工业建筑应该避免浪费能源，强调可持续发展。在曾经的产业衰败或者是衰退地区的经济转型过程中，工业遗产能够发挥重要作用。再利用的连续性对社区居民的心理稳定给予了某种暗示，

---

① 王军：《工业遗产价值的保护与延续》，硕士学位论文，青岛理工大学建筑与城乡规划学院，2015。

② 姜振寰：《工业遗产的价值与研究方法论》，《工程研究》2009年12月。

特别是在当他们长期稳定的工作突然丧失的时候。”[①] 通常建筑的物质寿命总是比其功能寿命长，工业建筑大都结构坚固，往往具有大跨度、大空间、层高高的特点，其建筑内部空间更具有使用的灵活性。因此对工业建筑进行改造再利用，比新建可省去修建主体结构及部分可利用基础设施所花的资金，而且建设周期较短。

第三节 工业遗产研究

一、国外工业遗产研究

国外工业遗产研究起步较早。英国是工业革命的先驱，工业遗产的保护工作也相对成熟和完善，在几十年的发展过程中取得一系列的研究成果，工业考古从无到有、从量到质的突破，各项研究专项组织的成立都标志着工业遗产逐渐走向专业化。“在漫长的历史探索中，专业组织的不断完善和发展为深入研究提供了专业性指导。从工业遗产萌芽到《下塔吉尔宪章》的制定，工业遗产的研究开始走向成熟。”[②]

1955年，英国学者 Michael Rix 在一篇题为《工业考古》的论文中，首次提出“工业考古”的概念，并提出要加强对英国现存大量的工业遗迹、纪念物、机械的研究与保护，倡导国家应该设置机构和建立相关章程，以保护那些深刻改变地球面貌的工业活动的遗迹。1959年，英国考古理事会设立了工业考古委员会，并在之后创办了《工业考古》杂志。1963年，英国学者 Kenneth Hudson 撰写《工业考古学导论》一书，首次以专著形式提出工业考古学，并对工业考古学的早期研究领域作了一定的划分，探讨了一些研究方法，推动了工业遗产相关理论的研究。同年，英国考古理事会和英国公共工程部联合设立了工业遗迹普查署。1965年，美国历史建筑清查组对工业遗迹进行初始研究，并于1969年着手建立国家历史工

① 刘伯英、李匡：《工业遗产的构成与价值评价方法》，《建筑创作》2006 年第 9 期。
② 芦荣：《国内外工业遗产研究对比分析》，《黄冈师范学院学报》2016 年 4 月。

程档案。1972年，美国学者Symonds发表《工业考古保护与视角》一文，通过对工业遗产的研究为美国历史文化遗产研究提供了新的视角，并展望了工业遗产研究与保护工作。1974年，英国巴斯大学技术史研究中心主任R Angus Buchanan撰写《英国工业考古学》。1975年，Neil Cossons撰写《工业考古学的基本要点》，这两本书的出版，使得工业考古学得到广泛传播。1978年，美国学者Theodore出版了《工业考古：一种美国遗产的新视角》，提出工业遗产是美国历史文化遗产的重要组成部分，分析了对其进行保护与研究的可行性，并按照工业类别对工业遗产进行了划分，对美国一些重要工业遗产作了案例分析。同年，日本学者黑岩俊郎和玉置正美合著的《工业考古学入门》分别回顾和展望了英国和日本的工业考古学研究动向，是一本讲述工业考古学方法入门的教材。①

20世纪60—70年代，虽然对工业遗产的研究处于早期探索阶段，但这一时期西方国家的现代主义城市更新运动愈演愈烈，所引起的公众抗争使更多的人把目光投向了工业遗产中那些废弃的厂房和仓库。美国纽约苏荷区的保护运动就是这一时期工业遗产保护的代表案例。作为19世纪后半期纽约的工业区之一，苏荷区在二战后就彻底衰败，保存着约50幢独特精致的“铸铁区”，当时美国处于经济高速发展时期，垄断资本的扩张使处于城市中心优越地段的苏荷区面临整体推倒重建的危机，这一计划遭到当地艺术家、社区居民、环保团体等公众的强烈反对。1969年，市政府迫于压力最终决定全部保留苏荷区旧建筑景观，并通过立法予以保证，这也是世界上首个工业保护区的由来。②

1998年，英国工业考古学教授Marilyn Palmer撰写了工业考古学领域的重要专著《工业考古：原理与实践》。这本书不仅系统地介绍了工业考古之源起、理论，还结合实例从景观、建筑、结构、机器、资料及技术领域进行了分析，对工业遗产研究40多年来的理论进行了系统的梳理，对工业遗产实践进行了总结。

---

① 崔卫华：《国内外工业遗产研究述评》，《中国文化遗产》2015年第5期。

② 田燕、李百浩：《方兴未艾的工业遗产研究》，《规划师》2008年第4期。

2004年，法国 Patrick Dambron 在出版的著作《工业遗产与地区发展》中探讨了历史学、技术学、考古学、建筑学、人类学、人种学、社会学等和工业遗产的关系。他指出，通过研究人类的社会活动、文化产品及工业产品，可以更清楚地了解当时的工业技术与地区发展的关系。2005年，Eleanor 和 James 主编的《工业考古：未来的方向》一书，主要收录了近些年来英国关于工业遗产研究的一些新的论文，探讨具体的工业遗产保护或案例研究，如对制造工业与采矿等具体工业遗产进行了研究。2008年，美国学者 Douglas 出版了《美国工业考古：野外工作指南》，对各种类型包括桥梁、铁路、公路、运河、制造业工厂、水力发电等工业遗产都做了一定的理论与实践研究，每个案例的研究都进行了技术史与历史的背景分析，在此基础上阐明各个元素的功能和属性，进而考察整个研究对象，并对保护与再利用的措施做了一定的探讨。[①]

纵观国外对工业遗产的研究，可以看出它是一个循序渐进、逐步深入的过程。以英国和美国为首的西方国家最早进入工业时代，到近现代保留有大量的工业遗产，这是它们最早开展工业遗产保护和研究的客观条件。在考古学领域，一些关注工业遗产保护的专家和学者，围绕“工业考古”这一学科概念，从理论研究拓展到具体保护实践中，并尝试利用工业考古和与其关联的相关学科，逐步确立了较为完整的工业考古相关理论体系。从研究趋势来看，国外工业遗产的工作已经开始突破纯粹的工业考古领域，开始向多角度研究、多学科交叉的方向发展。

二、国内工业遗产研究

国内工业遗产研究在第三次全国文物普查前后逐渐增多。2006年4月18日“国际古迹遗址日”，百余位文化遗产保护领域的专业人士和来自全国各工业城市的代表汇聚中国近代民族工业发祥地之一——无锡，共同探讨我国工业遗产保护的现状与对策，会议形成的行业共识性文件《无锡建议——注重经济高速发展时期

① 崔卫华：《国内外工业遗产研究述评》，《中国文化遗产》2015年第5期。

的工业遗产保护》向社会各界发出号召，工业遗产是整个人类文化遗产的重要组成部分，在城市化加速进程中应加以善待。同年，国家文物局下发《国家文物局关于加强工业遗产保护的通知》，要求“像重视古代的文化遗产那样重视近现代的工业文化遗存，深入开展相关科学研究，逐步形成比较完善的工业遗产保护理论，建立科学、系统的界定确认机制和专家咨询体系。”国家文物局单霁翔局长著文《工业遗产保护的现状分析与思考：关注新型文化遗产保护》(《中国文化遗产》2006年第4期)，介绍了工业遗产保护的国际共识，指出工业遗产的价值和保护意义，还有工业遗产保护存在的问题，对国内外工业遗产保护研究的现状和经典案例进行了分析探讨，提出今后工业遗产保护利用的方向和目标。这些工作都极大地促进了工业遗产的保护研究越来越受到重视。

2005年，李辉、周武忠撰文①，提出“工业遗产地”的概念，归纳了近年国内学者关于工业遗产地保护与利用的研究，并指出了不同角度下工业遗产研究的进展与存在问题。2006年，俞孔坚、方琬丽撰文②，从工业遗产的认定与登录、保护与重新利用等方面分别介绍了国内外工业遗产的研究进展和实践经验；界定工业遗产内涵，明确工业遗产的价值，揭示了保护工作的紧迫性，并立足国情，梳理中国近现代工业发展历程，甄别潜在的工业遗产，展望未来工业遗产保护和利用的趋势和途径。2007年，阙维民著文③，着重分析了世界工业遗产研究、保护和管理的历史与现状，并整理了涉及工业遗产的相关文件、期刊和网址等国外文献资料。2008年，刘伯英、李匡著文④，探讨了北京工业遗产的价值评价体系，建立了量化的工业遗产评价办法，以及工业遗产的保护分级，为工业遗产保护奠定科学

① 李辉、周武忠：《我国工业遗产地保护与利用研究评述》，《东南大学学报》2005 年 12 月。
② 俞孔坚、方琬丽：《中国工业遗产初探》，《建筑学报》2006 年 8 月。
③ 阙维民：《国际工业遗产的保护与管理》，北京大学学报（自然科学版）2006 年 9 月。
④ 刘伯英、李匡：《北京工业遗产评价办法初探》，《建筑学报》2008 年 12 月。

基础。2009年，王颖、孙斌栋著文[①]，对中法的工业遗产保护与再利用进行了比较研究，分别从工业遗产的保护思路与方法、发展历程和再利用效益三个方面进行了探讨，从而反思我国目前在工业建筑遗产保护上的欠缺与不足，提出进一步拓展和完善我国工业建筑遗产保护与利用的若干启示。2010年，韩福文、佟玉权著文[②]，在论述东北工业遗产历史价值和基本特征的基础上，分析了东北工业遗产保护与旅游利用的基本现状，并提出了东北工业遗产保护与旅游利用的主要对策。2011年，张健等著文[③]，从工业遗产价值分析，提出对工业遗产进行分级保护，借鉴国内外工业遗产再利用成功案例，用以指导工业遗产适宜性再利用实践，探索适宜的工业遗产再利用模式。

第三次全国文物普查结束后，各地工业遗产经过普查部门登记上报，基础资料开始丰富起来，受到许多高校研究人员重视，一些硕士和博士研究生常常将工业遗产作为研究论文的选题，工业遗产基础研究工作进一步活跃起来。2013年，张京成等人出版专著《工业遗产的保护与利用——“创意经济时代”的视角》（北京大学出版社），立足创意经济时代回望历史，吸纳了第三次全国文物普查的最新成果，从理论框架定位工业遗产在世界文化遗产体系的地位，对国内外工业遗产研究进行综述和评价，强调工业遗产的核心价值在于技术价值，在学术概念和价值构成的基础上，尝试建立一套工业遗产的评价指标体系，从创意经济的视角，对我国今后工业遗产保护和利用提出若干基本思路。2014年，韦峰等人编著《在历史中重构：工业建筑遗产保护更新理论与实践》（化学工业出版社），按照保护理论与更新实践紧密结合理念，选取国内具有代表性的工业遗产改造更新经典案例，从工业遗产文化特征的角度，分别阐述了其更新设计理念、改造策略、设计

---

① 王颖、孙斌栋：《中法工业建筑遗产保护与再利用的比较研究初探》，《国际城市规划》2009年2月。

② 韩福文、佟玉权：《东北地区工业遗产保护与旅游利用》，《经济地理》2010年1月。

③ 张健、隋倩倩、吕元：《工业遗产价值标准及适宜性再利用模式初探》，《建筑学报》2011年5月。

方法和使用情况，为工业遗产的保护和利用指出了一条可行之路。2017年，哈静、徐浩铭出版了专著《鞍山工业遗产保护与再利用》(华南理工大学出版社)，借鉴国内外一些先进的保护理论和成功的实践经验，在充分进行实地考察调研的基础上，运用遗产区域理论及整体观来构建鞍山工业遗产的保护格局，探讨鞍山工业遗产整体保护及再利用的策略和方法。

2016年11月18日，第一届中国工业遗产保护与利用高峰论坛在黄石举办，论坛围绕“面向未来的工业遗产”“中国工业遗产申遗之路”“黄石矿冶工业遗产保护和利用”“工业遗产保护利用的现状和思考”等话题，探讨工业遗产的价值和工业文明的传承，审视中国工业遗产保护的现状，研究未来工业遗产保护的理念和举措，并通过了有关工业遗产保护的行业共识性文件《黄石共识》。[①]

甘肃省工业遗产保存类型虽然不算丰富，但及时开展了一些工业遗产方面的研究工作，具有一定的指导意义和参考价值。第三次全国文物普查期间，兰州市文物局主编的《兰州市工业遗产图录》和甘肃省文物局主编的《甘肃省第三次全国文物普查重要新发现》，为当时的全省工业遗产调查工作提供了及时的参考。2008年，西安建筑科技大学的刘起撰写了硕士论文《作为工业遗产的兰州黄河铁桥建筑研究》，是一篇较早关注省内工业遗产的文章。2012年，戴海雁著文[②]，系统介绍了兰州市近现代工业发展历程和工业遗产特色，梳理了兰州工业遗产保护实践和有益探索，规划了兰州工业遗产保护利用蓝图。2017年，徐娟秀、郑蓓媛著文[③]，对面临城市转型时期的老工业基地，如何使工业遗产的保护与再利用与城市的功能、空间布局、城市产业发展结合起来，进行了相关理论和可持续发展模式的探讨，并指出发展工业遗产旅游的意义。

从国内已有的研究成果可以看出，学界对工业遗产的认识在逐渐深化，且越

---

①《中国文物报》2016年11月18日第2版。

② 戴海雁：《兰州市工业遗产的现状与保护情况概述》，《北京规划建设》2012年11月。

③ 徐秀娟、郑蓓媛：《探寻兰州市工业遗产保护与旅游可持续发展的双赢模式》，《现代经济信息》2017年2月。

来越关注工业遗产研究与建筑、景观、规划等层面的联系，但其基于历史学、考古学、社会学、经济学的基础研究亟须加强。社会因素、经济因素直接关系到遗产再利用的可能性，而从历史角度看待工业遗产，可以使我们认清遗产是具有历史延续性的，它们不仅属于当代，也属于未来。“需要明确的是，工业遗产保护和再利用的意义和价值在我国尚未形成社会性的普遍共识，许多城市仍未开展工业遗产普查，仍需要在基础资料的收集和整理方面开展大量的工作，而目前关于工业遗产保护的实施力度远远不够。我国以往的相关研究和设计实践比较分散，且在深度和广度上与发达国家相比尚存在较大差距。”①

第四节 世界工业遗产

欧洲是工业革命的发祥地，历史悠久，工业遗产资源丰富。工业遗产的保护运动最初源于英格兰中部地区，当时这一地区工业技术发展相对较快，致使大量的工业设备、生产车间、矿冶场地以及附属环境遭到废弃，这些问题受到人们的关注。19世纪中期，英国就开始重视工业遗产的保护问题，并举办工业遗产的展览。19世纪末期，在英国出现了“工业考古学”这一学科，开始对工业革命时期的工业遗迹和遗物进行记录和保护。

20世纪60年代以后，在英国工业考古学的推动下，工业遗产保护理论逐渐形成，对工业遗产的研究和关注迅速增多。1963年，英国考古理事会和英国公共工程部联合设立了工业遗迹普查署。1965年，美国历史建筑清查组开始对工业遗迹进行初步研究。纽约苏荷区的保护运动成为这一时期工业遗产保护的案例代表。作为19世纪后半期纽约的工业区之一，在20世纪60年代，苏荷区在城市更新浪潮中一直面临着被拆除的命运，由于当地艺术家、居民及其他团体的不断斗争和努力，更新计划被阻止。1973年，苏荷区被列为保护区，从而成为世界上首个由工

① 田燕、李百浩：《方兴未艾的工业遗产研究》，《规划师》2008年第4期。

业区转变而来的保护区。[①]

1973年，在英国什罗普郡的铁桥峡谷，组织召开了第一届国际工业遗产专业论坛，工业遗产保护的对象从此开始由产业“纪念物”向“遗产”转变，根据本次论坛的提议，1978年，第一个有关工业遗产方面的国际组织——国际工业遗产保护协会（TICCIH）在瑞典成立，旨在推进针对工业遗产的保存、保护、研究、文献整理和阐释工作。从此，各种与工业遗产保护相关的国际组织相继开始颁布与工业遗产保护相关的文件和公约，欧美学者对工业遗产开展了越来越多的研究工作，工业遗产的保护工作得到国际社会的普遍关注，许多国家开始倡议和开展大规模、有组织、有计划的保护活动。同年，波兰的维耶里奇卡盐矿最早被录入《世界遗产名录》。1979年，法国成立工业遗产考古学会，一直以来坚持不懈地进行工业遗产登记和保护研究工作，迄今为止已经登记了法国近1000处工业遗产，并分地域、分类型地出版了大量相关书籍。[②]之后，挪威的勒罗斯村（1980年），法国的阿尔克—赛纳斯皇家盐场（1982年）、罗马加德输水桥（1985年），西班牙的塞戈维亚古城及其高渠输水道（1985年）等工业遗产被陆续被列入《世界遗产名录》。1985年，欧洲理事会以“工业遗产，何种政策”为主题召开了西方有关工业遗产的国际会议。1986年英国的铁桥峡谷（Ironbridge Gorge）工业遗址作为工业革命的发祥地被列入《世界遗产名录》。[③]法国、荷兰、日本、美国等国都开始对工业遗产进行全面普查。1989年，美国技术史及工业考古学会成立，不仅协助国家开展历史工程档案登记工作，同时还提供专业教育培训机会。1996年，巴塞罗那国际建筑协会第19届大会明确提出对工业集合、火车站、码头等废弃地段的保护和再利用。

2003年7月，在俄罗斯召开了国际工业遗产保护委员会（TICCIH）第十二届

---

① 陆地：《建筑的生与死：历史性建筑再利用研究》，东南大学出版社，2004。

② 张京成、刘利永、刘光宇：《工业遗产的保护与利用——“创意经济时代”的视角》，北京大学出版社，2013。

③ 宋颖：《上海工业遗产的保护与再利用研究》，复旦大学出版社，2014。

大会，会上通过了《有关工业遗产的下塔吉尔宪章》，该宪章是有关工业遗产保护迄今为止最为重要的国际宪章。此后，一大批工业遗产保护与利用项目开始在世界各地出现，它们的成功也使工业遗产保护和再利用得到更多承认和理解，推动了工业遗产保护与再利用在全世界范围蓬勃开展。根据相关资料，截至2010年，全世界已有52处工业遗产列入《世界文化遗产名录》。

《世界工业遗产名录》中工业遗产的数量在不同的资料有一些差异。究其原因，清华大学建筑学院刘伯英副教授认为，工业遗产源自20世纪60年代的“工业考古”（Industrial Archaeology），即运用考古学方法对工业遗存进行调查、研究和保护。许多国家的工业遗产组织至今仍然沿用这一名称，如英国的AIA（The Association for Industrial Archaeology）、美国的SIA（Society for Industrial Archaeology）和日本的JIAS（Japan Industrial Archaeology Society）等。从上述4个文件或报告中，我们可以获知工业遗产的4 个名称：工业遗产（Industrial Heritage），农业、工业以及技术遗产（Agricultural，Industrial and Technological Properties），技术和工业遗产（Technological and Industrial Heritage），工业与工程遗产（Industrial or Engineering Heritage）。这些名称的概念、内涵和边界有着明显差别，这也正是 TICCIH 始终没有给出一个权威的世界工业遗产名录的原因。①

第五节 中国工业遗产

中国的工业遗产是近代社会的产物，相对于国外工业遗产，产生时间较晚，众多领域从无到有实现了零的突破。早期在中国兴办近代工业的主力是来自英国、美国、德国和俄国等资本主义国家的经济殖民势力及其买办，以及清政府中洋务派官员和满怀实业兴国思想的民族资本家。

1895年，清政府在中日甲午战争中战败，被迫签订《马关条约》，条约中规

① 刘伯英：《对工业遗产的困惑与再认识》，《建筑遗产》2017 年第 1 期。

定允许日本人在中国通商口岸设立领事馆和工厂及输入各种机器，利用中国廉价劳动力和原材料，榨取更多的利润，中国丧失了工业制造专有权。从此以后，外商办和中外商合办企业开始增多。帝国主义者在各自的势力范围内经营许多直接掠夺资源的工矿企业和为掠夺服务的动力、交通以及轻工业。[①]《马关条约》签订后，外国资本在华设厂不受限制，日资后来居上，成为在华投资的主力。工业投资的重点领域仍然集中在船舶修造、矿山开采等关乎国计民生的行业，轻工业则以纺织、面粉为主。

北洋军阀政府以及后来的南京国民政府执政期间，军政要员、归国华侨成为重要的工业投资者，近代工业逐渐走向自主发展。抗战前期，日本侵略势力在华的投资占绝对优势，势力延伸到煤矿、铁路、纺织、面粉等重要行业，大量掠夺资源，排挤民族产业。抗战时期，日本帝国主义成立工业综合体，疯狂掠夺中国资源，供给在华战争军需。由于华东地区主要城市沦陷，一场由国民政府组织、爱国民族资本家积极响应的工厂内迁的壮举，促进了西南地区的开发和工业化进程。

1949年中华人民共和国成立后，开始了中国现代工业的发展历程。社会主义工业初步发展时期，中国政府对原外资企业、国民政府经营企业、民间私营企业以及手工业进行了不同程度的社会主义改造，并在苏联专家的援助下，兴建了一批大型重工业企业，初步形成了门类比较齐全的现代工业基础。大跃进时期“以钢为纲”的方针造成了严重的社会经济后果，但另一方面也留下了属于那个时代特殊的工业景观。“文革”时期，社会主义现代工业在动荡中曲折发展。出于备战考虑在西南腹地新建重工业基地的“三线建设”运动，大大促进了西南地区的开发，形成了一批新兴的工业城市。20世纪80年代进入改革开放以后，中国工业持续稳定发展，工业所有制结构发生了很大变化，个体与私营工业、乡镇企业、

---

① 刘伯英、李匡：《中国工业发展三个重要历史时期回顾》，《北京规划建设》2011年1月。

外资企业崛起，国有工业比重下降，开创了多元化工业经济格局。[①]

在现代化工业大发展的同时，中国的工业遗产保护工作也在国家文物局的指导下全面展开。2001年，大庆油田第一口油井和青海省我国第一个核武器研制基地成为首批进入“国保”单位名录的工业遗产。2006年“4·18”国际古迹遗址日，来自国家文物局、中国古迹遗址保护协会的专家学者以及城市代表会聚无锡，研讨当年的主题——工业遗产保护。论坛上，有9处近现代工业遗产入选第六批全国重点文物保护单位。论坛还通过了有关行业共识性文件《无锡建议》，对工业遗产范畴进行界定，提倡实现经济建设与文化遗产保护的可持续发展。[②]

表 1–1 截至 2006 年被列为全国重点文物保护单位工业遗产

序号	全国重点文物保护单位	名称	类型	年代	所在地	简介
1	第五批	大庆油田第一口油井	能源设施	1959 年	黑龙江省大庆市	该油井是大庆石油会战的历史见证，也是新中国石油工业成就及大庆精神、铁人精神的主要象征
2	第五批	青海省中国第一个核武器研制基地	军工设施	1957—1995 年	青海省	该基地诞生了我国第一颗原子弹，中国第一颗氢弹也在这里研制成功
3	第五批	大智门火车站	铁路	1903 年	湖北省武汉市	大智门车站为法式风格建筑，为中国近代铁路建设尚存的重要历史见证
4	第六批	青岛啤酒厂早期建筑	工厂	1903 年	山东省青岛市	其老式德国建筑及建厂初期的设备、设施等大量工业遗存具有重要的文物价值

① 张京成、刘利永、刘光宇：《工业遗产的保护与利用——“创意经济时代”的视角》，北京大学出版社，2013。

② 彩荷：《“工业遗产”保护：一个紧迫而前瞻的战略课题》，《中国文化报》2006 年 4 月 25 日。

续表

序号	全国重点文物保护单位	名称	类型	年代	所在地	简介
5	第六批	黄崖洞兵工厂旧址	工厂	1941 年	山西省黎城县	山西抗日根据地内创建时间最早、规模最大的兵工厂，在这里，进行了著名的黄崖洞保卫战
6	第六批	汉冶萍煤铁厂矿旧址	工厂	1890 年	湖北省黄石市	现完整保留日欧式建筑群，不仅具有重要的文物价值，在中国建筑史上也具有很高的价值
7	第六批	南通大生纱厂	工厂	1898 年	江苏省南通市	中国近代早期的民族资本企业之一，由著名实业家张謇创办。大生纱厂留存的历史建筑、设施仍基本保持着原有的历史面貌和格局
8	第六批	中东铁路建筑群	铁路	1897 年	黑龙江省海林市	铁路沿线保留下的历史建筑众多，多是俄国人设计、利用中国人工、材料建设，被作为 20 世纪重要的线性文化遗产加以保护
9	第六批	个旧鸡街火车站	铁路	1918 年	云南省个旧市	主要建筑为中西合璧的仿法式建筑，是我国近代民族实业家对抗帝国主义经济侵略的实物见证，具有很高的历史价值
10	第六批	石龙坝水电站	能源设施	1910 年	云南省昆明市	中国最早兴建的水电站，100 多年过去了依然在使用，见证着中国水电百年的历史
11	第六批	钱塘江大桥	桥梁	1937 年	浙江省杭州市	我国第一座自行设计建造的钢梁双层公路、铁路两用大桥，成为中国建桥史上的一个里程碑

续表

序号	全国重点文物保护单位	名称	类型	年代	所在地	简介
12	第六批	五家寨铁路桥	桥梁	1907 年	云南省红河哈尼族彝族自治州	滇越铁路线之间一座大型肋式三铰拱钢梁桥，施工工艺精良，制造难度高，由法国巴底纽勒工程建筑公司工程师保罗·波登设计，并由其公司承建
13	第六批	兰州黄河铁桥	桥梁	1909 年	甘肃省兰州市	又名中山桥，是当时国内建筑的一大创举，建造材料全部从德国运到兰州。这座桥梁是黄河上第一座永久性桥梁，具有重要的里程碑意义

第三次全国文物普查结束后，工业遗产保护工作迎来新的高潮。2012年11月24日至25日，由中国城科会历史文化名城委员会和杭州市人民政府共同主办的中国工业遗产保护研讨会在杭州举行，与会代表认识到近现代工业遗产保护与利用在城市科学发展及转型发展中的重要意义，并达成八点共识。①2013年5月，有50余处近现代工业遗产被列入第七批全国重点文物保护单位，其中包括北洋水师大沽船坞遗址（1880年）、塘沽火车站旧址（1888年）、开滦唐山早期工业遗存（1879年）、大连南子弹库旧址（1884年）、长春第一汽车制造厂早期建筑（1956年）和新疆第一口油井（1909年）等。②

2017年12月20日，工信部公布了第一批获得认定的中国工业遗产名单。进入首批国家工业遗产名单的11个项目，是在辽宁、浙江、江西、山东、湖北、重庆和陕西等省、市开展试点的基础上，经过工业遗产所有人自主申请并报本级人民

① 胡燕：《中国工业遗产保护研讨会在杭州举行》，《城市发展研究》2012 年 12 月。

② 参考 2013 年 5 月公布的《第七批全国重点文物保护单位》。

政府同意，相关省、市工信主管部门推荐，专家评审和网上公示等程序甄选脱颖而出的。①

表 1-2 国家工业遗产名单（第一批）

序号	名称	地址	核心物项
1	张裕酿酒公司	山东省烟台市芝罘区	地下酒窖、“张裕酿酒公司”老门头、“张裕路”石牌及张裕地界石、1892 俱乐部（张弼士故居）及张裕金库、亚洲桶王及清代进口橡木桶、1912 年孙中山“品重醴泉”题词、1915 年巴拿马万国博览会奖牌等
2	鞍山钢铁厂	辽宁省鞍山市铁西区	昭和制钢所运输系统办公楼、井井寮旧址、昭和制钢所迎宾馆、昭和制钢所研究所、烧结厂办公楼、东山宾馆建筑群、建设者（XK51）机车车头、昭和制钢所 1 号高炉、老式石灰竖窑、1100 轧机、鞍钢宪法等
3	旅顺船坞	辽宁省大连市旅顺口区	船坞、木作坊、吊运库房、船坞局、电报局、泵房、坞闸 1 部、台钳 3 部
4	景德镇国营宇宙瓷厂	江西省景德镇市珠山区	老厂房、陶瓷生产原料车间、成型车间、烧炼车间、彩绘车间、选瓷包装车间、四代窑炉遗址、20 世纪 50 到 80 年代陶瓷成型作业线、陶瓷生产工具及相关历史档案资料
5	西华山钨矿	江西省赣州市大余县	矿选厂、机械厂工业建筑群、主平窿、苏联专家办公及居住场所、勘探原始资料、全套苏联俄语版采选设计文本、图件
6	本溪湖煤铁公司	辽宁省本溪市溪湖区	本钢一号高炉、洗煤厂、2 号黑田式焦炉、铁路机务段与编组站、本钢第二发电厂冷却塔、洗煤车间、煤铁公司事务所（小红楼）、煤铁公司旧址（大白楼）、东方红火车头、EL 型电力机车及敞车等

① 郑春蕾：《重塑工业之魂　开创强国未来——工信部发布首批国家工业遗产名单》，《中国工业报》2017 年 12 月 26 日。

续表

序号	名称	地址	核心物项
7	宝鸡申新纱厂	陕西省宝鸡市金台区	窑洞车间、薄壳工厂、申福新办公室、乐农别墅、1921年织布机、1940年代电影放映机
8	温州矾矿	浙江省温州市苍南县	鸡笼山矿硐群、南洋312平硐、1号煅烧炉、1号结晶池、福德湾村矿工街巷
9	菱湖丝厂	浙江省湖州市南浔区	码头、茧仓库、50吨水塔及配套水池、烟囱、锅炉房、立缫机2台、复摇机8组、宿舍3栋、招待所、医务所、广播室、大礼堂、园林景观、徐家花园及厂志等
10	重钢型钢厂	重庆市大渡口区	钢铁厂迁建委员会生产车间旧址、双缸卧式蒸汽机、蒸汽火车头2台及铁轨、烟囱3处、铣床、压直机、刮头机、相关档案资料
11	汉冶萍公司——汉阳铁厂	湖北省武汉市汉阳区	矿砂码头、高炉凝铁、汉阳铁厂造钢轨、1894年铸铁纪念碑、汉阳铁厂造砖瓦、卢森堡赠送相关资料、转炉车间、电炉分厂冶炼车间、电炉分厂维修备品间、水塔、钢梁桁架、铁路和机车、烟囱及管道设施
	汉冶萍公司——大冶铁厂	湖北省黄石市西塞山区	1921年冶炼高炉残基、瞭望塔、水塔、高炉栈桥、日式建筑4栋、欧式建筑1栋、钢轨
	汉冶萍公司——安源煤矿	江西省萍乡市安源区	总平巷、盛公祠（萍矿总局旧址）、安源公务总汇（谈判大楼）、株萍铁路萍安段、萍乡煤矿工程全图、萍乡煤矿机土各矿周围界限图

2019年4月，第二批中国工业遗产保护名录发布。第二批名录包含各类工业遗产100家，代表了中国近现代工业技术、管理、组织等创新发展的脉络，见证了科学家、工程师、工人的辛勤汗水。这些遗产中既有创建于洋务运动时期的企业，也有中华人民共和国成立后的156项“三线建设”项目；既有官僚资本企业，也有外商、民族资本企业；既有广为人知的造船、军工、铁路等门类，也有灯塔、烟草、供水等极少被关注的行业。甘肃兰州黄河铁桥（中山桥）、陇秦豫海铁路（陇海铁路）、白银有色金属公司、刘家峡水电站、兰州自来水公司第一水厂等5个项目成功入选。

第二章 甘肃工业遗产概况

甘肃近代工业始于鸦片战争之后，当时清政府中的洋务派认识到，必须学习西方的先进技术“师夷长技以制夷”，开始进行一场引进西方军事装备、机器生产和科学技术以维护清朝统治的自强求富的“洋务运动”。在洋务派提倡实业自强的声浪中，甘肃是当时西部近十个省中最早开始发展近代工业的省份，这一时期组建了一些颇具影响力的近代工厂企业。民国时期在甘肃也产生了几个较有影响的工矿企业，为当时民族工业的发展增添了一份力量。中华人民共和国成立后，甘肃的工业开始得到迅速发展，尤其在“一五”期间和“三线建设”时期，为了当时国家重工业平衡发展和国防建设需要，建设了许多重要工业部门，为以后甘肃社会经济的发展奠定了坚实基础，在甘肃留下不少具有特色的现代工业遗产。

第一节 甘肃近代工业发展状况

甘肃近代工业肇始于左宗棠主政期间。1872年，左宗棠任陕甘总督时，为方便西北军事行动的需要，将随营修军械的西安机器局搬迁至兰州畅家巷，定名为兰州制造局。当时西北地区物质条件极差，兴办军械工厂，不仅资金无着落，设备、技术也是难题。在左宗棠等人的精心筹划和尽力周旋下，克服重重困难，解决了资金、设备、技术等问题。由于清廷给西北军事行动的军费有限，1871年，左宗棠托买办、上海候补道台胡光墉向英国汇丰银行借款400万两白银，作为购机建厂之用。由于国内不能生产机器设备，兰州制造局的设备主要是从德国泰西洋行购置，有车床、手摇钻等。这些机器先运到上海，然后从浙江雇佣几百个民工运来兰州，其路途之艰辛，可想而知。①

兰州制造局具体事宜主要由总兵赖长督办，技术人员为外国顾问，技工是从浙江、宁波、福建等地招募的手工业工人，并调配一批士兵学习修造技术。原料主要是铁，均为国产，质量尚好，基本能满足生产需要。兰州制造局的主要任务是仿造和维修西方的洋枪洋炮，并对清军原有的旧式枪炮进行改造维护，其制造的枪炮子弹和火药质量已接近当时的世界水平。1875—1877年，在收复新疆的战役中，兰州制造局制造的武器发挥了极大的作用，是自鸦片战争后30多年，中国军队第一次用自制武器打败侵略者。②兰州制造局的成立是洋务运动的产物，是甘肃近代工业史上第一家军工和机械制造工厂，是甘肃近代工业的开端，也是中国西北有史以来生产力和科技进步的转折点。1906年兰州制造局迁至小仓子（今武都路贡元巷南口西侧），1916年迁至甘肃举院南号舍（今萃英门兰大二院），1917年更名为“甘肃制造局”。③1952年始改为现用名“兰州通用机器厂”。现存牌匾一块，匾上从右至左书有“中华民国十七年六月”“甘肃制造局”“清苑刘郁芬”等字。

在同一时期，为了解决当时的财政危机和开辟新财源需要，左宗棠决定创办兰州机器织呢局，利用甘肃丰富的羊毛资源生产呢子，实政惠民。当时正值洋务运动进入高潮阶段，许多力主兴办军事工业的洋务派开始转办民用工业，这对左宗棠在兰州兴办机器织呢局是一个巨大的推动。尽管当时甘肃还相当落后，办厂风气远未开启，但有心开发资源，以挽救濒临崩溃的地方财政的左宗棠对于开发毛纺织业充满信心，乐于为之。④1879年，兰州机器织呢局从德国购

① 刘光华主编《甘肃通史》，甘肃人民出版社，2009。

② 甘肃省档案馆编《晚清以来甘肃印象》，敦煌文艺出版社，2008。

③ 参考兰州市文物局编制《兰州市工业遗产图录》。

④ 刘光华主编《甘肃通史》，甘肃人民出版社，2009。

进蒸汽机、梳毛机、洗毛机、起毛机、剪毛机、纺纱机、织呢机、染色机、蒸刷机等全套织呢机器设备60余架（台），并于1880年开始生产。兰州机器织呢局设在兰州通远门外，分东、中、西三厂，并附设有检修机器的地方，先后聘请了多位德国工程师担任技师，生产流程全部采用西方近代的织呢工艺流程，成为中国历史上第一个毛纺织厂。投产后，每天产呢8匹，每匹长5丈，宽5尺，后来每天可产呢10~14匹。织呢局开工生产后，左宗棠曾寄予厚望，但由于该局主要依赖外国人，翻译人员水平又差，本地工人学习掌握技术相当困难，加之原料的数量和质量均无法保证，又缺乏充足合格的水源，织出的呢布无论数量还是质量都赶不上洋呢。最终在左宗棠调离甘肃后，德国人合同期满回国，织呢局因锅炉破裂无力修复而停产。

1901年，清政府为缓和国内矛盾，强化国家机器，维持自己的统治，推行新政。1906年，彭英甲出任兰州劝业道，主持甘肃农工矿总局（即甘肃洋务局）。在他任职期间，先后创办了劝工局、窑街官金铜厂、皋兰官铁厂、洋蜡胰子厂等企业，尤其是与德国泰来洋行进行合作，主持修建了被誉为“天下黄河第一桥”的兰州黄河铁桥，是近代甘肃走向对外开放，学习和引进国外先进科学技术的成果，极大地便利了西北与内地的联系和交流，促进了甘肃乃至西北地区政治、文化及经济贸易的发展。左宗棠、彭英甲等人在甘肃兴办洋务，创办近代工、矿业，是近代甘肃第一次对生产力和生产关系的变革行动，对甘肃历史发展产生了积极影响，开通了新的社会风气，为甘肃培养了一批新型知识分子和专业技术人才，对甘肃社会进步起了相当大的推动作用。①

① 张克复：《甘肃史话》，甘肃文化出版社，2007。

第二节 民国时期甘肃工业遗产

民国时期，甘肃作为抗战的大后方，产生了一些较有影响的工矿企业，留下了如老君庙油田、阿干煤矿、窑街煤矿等具有代表性的工业遗产。

一、老君庙油田

老君庙油田位于酒泉市玉门市南坪街道办事处南坪一村石油河东岸。1938年我国石油工业奠基人、著名石油地质学家孙健初、严爽、靳锡庚，在向导陶复兴的带领下来到老君庙旁扎帐，进行石油勘探。1939年在庙旁钻凿的1号井出油，孙健初将该地区命名为老君庙油田，从而揭开了开发玉门油田的序幕。1940年，甘肃油矿筹建处从四川调来柴油动力抽油机安装到1号井上，1号井成为当时较为先进的第一口机械采油井。继1号井之后，到当年10月在老君庙地区先后打出了8口油井。老君庙油田日产量达10吨，抗日战争期间，老君庙油田就用多产油、产好油的方式有力地支持了抗战。现存工业遗产有老一井、老君庙、孙健初纪念碑、石油工人窑洞，以及“铁人”王进喜故居纪念馆里的一些历史遗物。玉门老君庙油田是中国近现代石油工业发展历史的摇篮，对研究我国石油工业的发展具有重要的历史和科学价值。①

二、阿干煤矿

阿干煤矿位于七里河区阿干镇大水子村，开发历史悠久。1938年阿干镇煤矿管理处成立，并开办了官营火洞洼煤矿（即阿干镇矿井前身），为甘肃省历史上第一个公营煤矿。1942年更名为阿干镇煤矿厂，直属甘肃矿业股份有限公司。1946年曾一度停产，第二年恢复生产，隶属于甘肃煤矿厂。现存工业遗产有：

① 甘肃省文物局编《甘肃省第三次全国文物普查重要新发现》，三秦出版社，2011。

1954年开挖的平峒巷道，总长1.2万米；1956年由苏联专家设计建造的砖混结构选煤楼，面积562平方米，墙面留有“文革”期间标语，清晰可见；1953年修建的砖木结构四层办公楼，面积500平方米；砖混结构俱乐部（阿干剧场），面积960平方米；1956年2月建成的铁路专用线，全长21.6千米，轨身有“汉阳铁厂造1903”“中华民国铁道部”“中国国有铁路1923”等字样。阿干煤矿是我国在甘肃最早建成投产的国有重点煤炭生产企业。①

三、窑街煤矿

窑街煤矿位于兰州市红古区矿区街道沙窝村东北侧祁连山脉哈拉古山的东北麓，1941年12月民国政府资源委员会与甘肃省政府联合投资开办，开办之初名为“永登煤矿局”，1947年将其改为“甘肃窑街煤矿厂”。中华人民共和国成立后，1958年窑街煤矿厂又开始了大规模的建设。现存工业遗产主要有窑街一号井、窑街四号井和窑街皮带斜井，目前都在正常生产。②

除了以上几处有一定规模的工矿企业外，甘肃各地还有一些规模较小的煤矿企业也在这一时期进行了开采。这些工矿企业主要以能源生产为主，反映了甘肃较为丰富的矿产资源特色。

第三节　“一五”期间甘肃工业遗产

中华人民共和国成立以后，为了改变旧中国工业布局不合理的状况，在第一个五年计划期间，中国政府把苏联援建的156项工程和其他限额以上项目中的相当大的一部分摆在了工业基础相对薄弱的内地和中西部地区。这一时期在甘肃兰州等地建成不少国营工厂，留有一批如国营万里机电厂、国营长风机器厂、兰州石油化工机

① 甘肃省文物局编《甘肃省第三次全国文物普查重要新发现》，三秦出版社，2011。
② 甘肃省文物局编《甘肃省第三次全国文物普查重要新发现》，三秦出版社，2011。

器厂、兰州新兰仪表厂旧址等具有代表性的工业遗产。

一、国营万里机电厂

国营万里机电厂建于1956年，是苏联第二批援华项目之一，是专门从事航空电机、电器、电动机构及机载计算机的开发研究和制造的大型企业。主要工业遗产有：仿苏联式厂房建筑和两台印刷机。这两台印刷机，一台是1969年四川东江生产的型号为 TZ202型卧式对开平台印刷机，占地面积约3平方米，体积约8.1立方米；另一台是1962年湖南生产的 PD10型立式圆盘印刷机（挺进报印刷机，还可以使用），占地面积约1平方米，体积约1.8立方米。

二、国营长风机器厂

国营长风机器厂又名“国营第七八一厂”，建于1956年，是国家“一五”期间投资建设的156项重点工程之一。现存主要工业遗产是1号厂房，建于1958年，建筑面积10912平方米，钢筋混凝土排架结构，南北方向12米跨距的连续排架结构厂房，共10跨。厂房全部竣工于1964年，为长风厂最早的工业建筑。厂房内工艺布置仍基本保持20世纪60年代格局，厂房内目前封存若干台建厂初期购置的苏联车床，外观尚好；厂房墙面还残存当时标语若干幅，标语内容：“伟大的导师，伟大的领袖，伟大的统帅，伟大的舵手。”

三、兰州石油化工机器厂

兰州石油化工机器厂是我国第一个五年计划期间由苏联援建的156个重点项目中的两个项目——兰州石油机械厂和兰州炼油化工设备厂合并而成的制造石油钻采机械和炼油化工设备的大型骨干企业。兰州石油机械厂于1953年1月开始筹建，兰州炼油化工设备厂1955年3月开始筹建，1957年12月与兰州石油机械厂合并，1958年局部投产，1965年12月全部建成。兰州石油化工机器厂自建厂以来为我国石油化工工业提供了大量的技术设备，成为国内最大的石油钻采机械和炼化设备生产基地。现主要工业遗产有办公楼、生产车间等，均在正常使用。

四、兰州佛慈制药厂

兰州佛慈制药厂是1929年由爱国实业家玉慧观创建于上海闸北，原名“上海佛慈大药厂股份有限公司”。该厂采用中药西制方法，首创中药浓缩技术，20世纪30年代佛慈生产的中药浓缩丸就漂流过海到达日本、马来西亚。1956年，为支援大西北，由沪迁兰。现存工业遗产主要有1978年建无菌制药车间1栋，内置制药流水线1条；1920年到目前各时期的文书档案、技术档案、注册商标、老照片、荣誉证书、产品和企业自编宣传图册等。

五、兰州第一水厂

兰州第一水厂是国家“一五”时期156项重点工程配套项目，主要是为解决兰州炼油化工总厂、兰州热电站（厂）、合成氨厂、合成橡胶厂等苏联援华建设项目的工业生产用水及兰州市人民生活用水。1955年由苏联政府帮助设计并提供主要供水设备而建立。现存工业遗产主要有上下游斗槽式预沉池、上下游一级取水泵房、上下游操纵室、加药间，18座直径100米辐流式沉淀池等。

六、兰州机床厂

兰州机床厂建于1958年，是原机械工业部在西北地区定点生产卧式车床的骨干企业和重点专业企业。原隶属于甘肃省机械集团公司，后隶属于兰州市国有资产监督管理委员会。现存工业遗产主要有：机床厂大门，1958年建造，后期经过部分维护改造；大门东西两侧筒子楼，1958年建造，主体四层，局部五层，砖混结构，现楼体经过几次加固后仍在使用；第二联合厂房，1958年建造，钢筋混凝土排架结构，建筑面积12638.36平方米，厂房内工艺布置仍基本保持20世纪60年代格局，厂房外墙面还残留毛主席语录若干幅；厂内目前留存建厂初期购置的车床，分别为西德、匈牙利、日本、瑞士及我国上海、北京等地生产，车床外观尚好，基本都在使用；厂内还存有建厂初期的图纸、技术档案，是机床厂非常珍贵的厂史资料。

七、兰州新兰仪表厂旧址

兰州新兰仪表厂旧址建于1958年，是航空航天工业部直属研究生产飞行自动控制系统及其他飞行仪表的大型企业，是国家“一五”期间156个重点项目的续建项目。厂房是苏联式建筑，后期经过改造。厂内现存两台建厂时期设备：一分厂热处理车间现保存着苏联产“真空电炉”一台，1939年生产，型号为704A，占地面积约4平方米，体积约7.5立方米，炉体是原装，精确度还符合需求，目前厂内退火设备只此一台，仍在使用中；1号厂房现保存卧式捷克产“万能外圆磨床”一台，1957年生产，型号为BUA-20，占地面积约3平方米，体积约为4.8立方米，机器主体为铸铁制造，材质重，强度好，结构合理，稳定性能好。

八、祁连山建材控股有限公司旧址

祁连山建材控股有限公司旧址建于“一五”期间。现遗存有吊车库、回旋窑、矿山电铲（2台）、德国进口原装E25（4台）、生料库（8座）、泥浆池设备、原料车间减速机（4组德国原装）、电机、控制盘、配电系统、水泥磨（3台），以及办公室2层。该企业湿法生产线引进德国技术设备，1957年建成投产，现在整个生产线仍在使用，生产特种水泥，年产60万吨，效益良好。这些遗存是一个整体系统的生产线，对新中国建设发挥了重要作用，是中外合作的历史见证，随着企业改制，将会逐渐淘汰，保护工作在当前已显得非常必要。

九、白银露天矿旧址

白银露天矿旧址位于白银市区西北15千米处，矿区占地总面积913.40万平方米。被称为“白银第一爆”的露天矿一号坑大爆破于1956年2月开始，历时10个月，共完成爆破石量903.10万立方米，是国内首次大规模爆破工程。露天矿开采33年，其中一号坑从1956年2月至1984年6月，二号坑从1956年2月至1988年4月，共完成采剥矿岩1013亿立方米，同年全面闭坑。露天矿遗迹是矿业开发过程中遗留下来的踪迹和实物，是人类矿业活动的历史见证，也是一种重要的历史文化遗产，具有重要的科学研究、科普教育功能和旅游观赏价值。1997年，白银露天矿遗址被开辟为省级爱国主义教育基地。

十、西坡煤矿一号井

西坡煤矿一号井位于陇南市两当县西坡镇亮池寺以东的后窑沟，占地面积126000平方米。始建于明代万历年间。从清代至民国以来，窑沟为煤炭开采区，主要由当地西坡村、东坡村、崖头村及苍坪村附近村民开采。1956年宝成铁路通车后，国家“一五”计划列为国营煤矿，在后窑洞上马“跃进洞”，该矿有了较大发展。1982年技术改造“跃进洞”，兴建“一号井”。1983年由天水地区接管，改名为“天水地区西坡煤矿”，设计年产9万吨煤炭。该井是两当最大的煤矿，也是“中华老字号”企业。①

第四节　“三线建设”时期甘肃工业遗产

第一个五年计划之后，随着当时面临越来越严峻的国际形势，国家做出了备战备荒，建设“三线”的决策。1964年5月10—11日，毛泽东在听取国家计委领导小组关于第三个五年计划设想的汇报时说：“酒泉和攀枝花钢铁厂还是要搞，不搞我总是不放心，打起仗来怎么办？”② 正是基于这种备战思想的指导，“三线建设”主要考虑国防建设的需要，同时也考虑经济建设的需要。这一时期，在甘肃建成了一批重要的能源、钢铁、化工企业和人防工事，留有一批如刘家峡水电站、

① “一五”期间工业遗产内容参考甘肃省工业遗产调查资料。

② 王庭科：《三线建设与西部大开发》，《四川党史》2000年第6期。

西北油漆厂旧址、兰州铝厂旧址、酒钢公司厂矿旧址和嘉峪关石关峡防御工事等具有代表性的工业遗产和军事设施遗迹。

一、刘家峡水电站

刘家峡水电站位于永靖县刘家峡镇红柳台村东南500多米处。1956年设计，1958年9月动工兴建，1960年元旦实现大河截流，1969年3月第一台机组试运行，1974年12月5台机组全部投入运行，总装机容量122.5万千瓦，设计年发电量57亿千瓦时。该电站是我国自己勘测设计，自己制造设备，自己施工安装，自己调试管理的第一座百万千瓦以上的大型水力发电厂。目前，水电站运转正常，除发电外，成为集旅游、淡水养殖、灌溉、防洪为一体的综合效益水利工程。

二、西北油漆厂旧址

西北油漆厂旧址位于兰州市城关区拱星墩街道东岗东路社区东岗东路1475号。1965年，为支援西北经济发展、工业配套，化工部投资718.9万元，抽调沈阳、天津、大连油漆厂部分职工搬迁筹建化工部西北油漆厂。1969年，化工部将其下放于甘肃省轻重工业局。1970年4月，改名为“甘肃油漆厂”。1982年，恢复西北油漆厂厂名，隶属甘肃省石化厅。原城关区东岗厂区主要遗存有生产车间1处。该车间占地面积约1000平方米，南北走向，车间主体部分是建于1965年的3层钢筋混凝土框架结构楼房，为西北油漆厂最早的工业建筑之一。

三、兰州铝厂旧址

兰州铝厂旧址位于兰州市西固区西柳沟街道黄河南岸，建于1958年，曾用名“三〇七”“甘肃冶炼厂”，1962年曾停产下马，1966年又恢复投产，是国家“二五”期间在大西北建设的第一家电解铝厂，现为国家有色金属铝冶炼行业中的大型企业。主要遗存有生产车间6处，占地面积约33200平方米，为二十世纪六七十年代的老厂房，砖混结构，主要生产设备遗存为60 kA 自焙阳极电解槽和车铣床。目前，厂房空置金工车间仍在生产使用，另有配套的储料罐、供电供水等设施。兰州铝厂工业遗存承载着甘肃有色金属工业发展的历史信息，反映了时代特征，具有一定的价值。

四、酒钢公司厂矿旧址

酒钢公司厂矿旧址位于嘉峪关市区北面酒钢厂区和镜铁山、西沟矿矿区内，存量较多。酒钢的建设始于第一个五年计划末期，1955年进行矿产勘探，1958年开始建设，1965—1970年又进行了大规模建设，在这一过程中，酒钢矿区、厂区遗留下来各种工矿旧址、厂房建筑、机械设备、配套设施、运输线路及生活后勤保障设施等较为丰富的工业遗产，具有一定的典型性和代表性，反映了新中国工业发展初期的状况和当时的生产力水平。

五、金川公司露天矿老坑

金川公司露天矿老坑位于金川区宁远堡镇西坡村西面1.7千米处，是金川公司露天矿，是自1964年三次大爆破后陆续开挖镍矿石形成的巨大人造天坑。矿坑呈椭圆形，南北长1300米，东西宽700米，最深处达310余米，矿体外露，采矿后形成的一圈圈分层台阶像“箕斗纹”在盘旋中延伸，犹如巨大的旋转楼梯，直通地底。1990年7月闭坑，共开挖26年，采剥矿岩总量7033万立方米，为国家做出了巨大贡献。

六、金川公司动力厂人防工事

金川公司动力厂人防工事位于金昌市北京路五彩城十字东南280米处，东为金川公司冶炼厂，南接金川公司科技馆，西临北京路，北至五彩城。建于1970年，1980年竣工，历时10年开挖建设。工事距地面垂直距离24米，施工总面积4526平方米，永久工事面积2204平方米，三防配套设施932.3平方米，总长度408米，使用面积1503平方米，入口3个，窑状屋舍32间。

七、嘉峪关石关峡防御工事

嘉峪关石关峡防御工事位于嘉峪关市峪泉镇西北的石关峡口至红柳沟西口南北山中，东与悬壁长城接壤，距黄草营村1200米，西至黑山湖北山，由石关峡口暗堡、大草滩水库北山防御工事、四道股形沟口防御工事、红柳沟西口南北山防御工事组成，东西分布长约20千米，南北分布长约1千米。石关峡地势险峻，地形复杂，自古便是重要的军事防御要地。石关峡南北山防御工事，作为1964年至1978年国家“三线建设”时期重要的军事设施及建筑遗存，主要由坑道、战壕、碉堡、战备通道、防空洞构成，覆盖了石关峡南北山系，其中碉堡、坑道、人防工事全部为钢筋混凝土结构，真实记录了“三线建设”时期的战备情况，具有重要的历史意义。①

① “三线建设”时期工业遗产内容参考甘肃省工业遗产调查资料。

第三章　嘉峪关市工业遗产调查综述

嘉峪关市以明代万里长城西端起点——嘉峪关而命名，自古为“丝绸之路”的交通要冲，素有“河西重镇”“边陲锁钥”之称。1958年，“一五”计划重点项目酒泉钢铁公司（以下简称“酒钢”）在此建设，1965年嘉峪关建市，1971年被国务院正式批准为省辖市。经过50多年的建设，嘉峪关市经济发展迅速，人民生活水平在全省处于领先地位。目前，全市总面积2935平方千米，总人口30万人，城镇化率91%，城区规划面积260平方千米，建成区面积60平方千米。① 人均生产总值、人均大口径财政收入、城镇居民人均可支配收入多年名列全省各地州市之首。1992年被列为全国首批36个小康城市之一，1994年进入全国55个人均生产总值过万元的经济明星城市之列。目前已基本形成了以冶金工业为主导，商贸、旅游、城郊型农业为重点的经济格局，逐步成为一座新兴的工业旅游现代化区域中心城市，并先后获得了“中国优秀旅游城市”“国家卫生城市”“国家环保模范城市”“全国园林绿化先进城市”“全国双拥模范城”“全国文明城市”等称号。

嘉峪关“因企建市”，是一个依托酒钢的建设和发展而成长起来的城市，在酒钢50多年的发展历程中，遗留有许多工业遗产。这些工业遗产主要分布在酒钢矿区、厂区以及配套酒钢生产的地方企业中，大多保存较好，是一座亟待开发的新型文化资源宝库。

---

①《嘉峪关年鉴》编纂委员会编《嘉峪关年鉴（2012）》，甘肃文化出版社，2012。

第一节 工业基地建设概述

一、地理环境及资源状况

嘉峪关市位于甘肃河西走廊中部，东临酒泉市肃州区，西连玉门市，南倚祁连山，与肃南裕固族自治县接壤，北枕黑山，与金塔县连接，中部为酒泉绿洲西缘。城市中心位置为东经98° 17′，北纬39° 47′，全市海拔在1430～2799米之间。境内地层结构属祁连山地层结构的延伸地带，早古生代寒武纪（距今6亿~4.95亿年）至泥盆纪（距今4亿~3.6亿年）的2.4亿年间是这一地层形成时期。经过中新生代的各次构造运动，祁连山成为高山区，河西走廊成为介于南北两山之间的断陷沉降带。以境内中部的嘉峪关断层为界，断层两侧各纪地层都向东以3° ~5° 的倾角缓缓高起，西边埋藏深，东边埋藏浅。境内的砾石层厚度大多在300米以上，自地面起往下至100米处的砾石多砂质，天然地基承压强度为6千克 / 平方厘米。地下距地表3米层内，砂砾堆积较为松散，且多为交错层理，常常是砾石层与砂层相间，3米以下，砾石堆积致密，且多被钙质胶结。此类地质结构作为大型建筑的地基也较为适宜。

嘉峪关市辖地西南高，东北低，自然坡度13.3‰，山地面积占40%，戈壁滩面积占32%，可耕地面积占28%。境内地势平坦，土地类型多样，城市中西部多为戈壁，是市区和工业企业所在地；东南、东北为绿洲，是农业区，绿洲随地貌被戈壁分割为点、块、条、带状。植被为典型的荒漠型，主要有戈壁荒漠植被、沙生植被、盐生草甸植被及栽培植被等。典型的温带大陆性干旱气候，干燥，温差大，日照长，风沙多，降雨量小，蒸发量大。年均降水量85.30毫米，蒸发量2114.30毫米。年均气温在6.70℃ ~7.70℃之间，极端最高气温38.70℃，最低气温 −31.60℃，昼夜温差10℃ ~15℃。夏秋多东南风，冬春多西北风，年平均风速2.40米 / 秒，平常风力多为3~4级。主要灾害性天气有干热风、大风、沙尘暴、霜冻、暴雨等。[①]

嘉峪关市境内南面有讨赖河流经，年均径流量6.58亿立方米。讨赖河属黑河水系，因发源于祁连山中的讨赖掌而得名，“讨赖”是匈奴语的译音。讨赖河流经肃南裕固族自治县、嘉峪关市、酒泉市肃州区、金塔县，到会水河与黑河相会，北流入居延海，全长360千米。黑山湖、大草滩一带在1958年以前有数十眼泉水，汇流量为0.4立方米／秒，是嘉峪关黄草营村农业灌溉水源。1958年酒钢建设初期，在这里建成了库容6400万立方米的大草滩水库，并在讨赖河流经的冰沟口下游建设了渠首引水工程，将河水通过暗渠和明渠引入大草滩水库，作为酒钢本部工业生产用水的主要来源。

嘉峪关市地下水储量较为丰富，可开采量达1.14亿立方米，流量为3.53立方米／秒。地下水运动因有文殊山到黄草营间地质断层而产生的地下水跌落，断层以西由于第四纪前基岩底部的隆起，使潜水面距地表很浅，一般只有10~25米，含水层厚度10~50米，在断层地貌分界线有嘉峪关泉水断续流出。地下水的补给途径主要有：北大河、白杨河渗漏补给量3.468立方米／秒；南山沟谷（大红泉、西沟、东浪柴沟等24条大小河谷）潜流补给和表流补给，补给量约0.32立方米／秒；深部基岩侧向、顶托及其他补给约3.889立方米／秒。三种补给途径总计补给量约为7.677立方米／秒，使地下水静贮量为15.2亿立方米，动贮量为6.98立方米／秒。在嘉峪关城东侧，嘉峪山西麓的“九眼泉”上下约4000米长的地带，1958年酒钢建厂时就开始打井采水，现有机井6眼，年径流量0.8立方米／秒，由于水源地与城区高差达60多米，水从井下提升上来后直接通过管道入户，不用水塔。[②]

嘉峪关市的铁矿、重晶石、石灰石、白云岩、造型黏土5种矿种居甘肃省前三位。截至2012年，嘉峪关市已探明矿产资源有21个矿种，产地40多处，其中铁、锰、铜、金、石灰石、芒硝、造型黏土、自然重晶石等为优势矿产。镜铁山矿铁

---

①《嘉峪关市志》编纂委员会编《嘉峪关市志》，甘肃人民出版，1990。

②《酒钢志》编纂委员会：《酒钢五十年·酒钢志（1958—2008）》。

矿石总储量为4.83亿吨，是国内最大的坑采冶金矿山；西沟石灰石矿储量为2.06亿吨，为露天开采，年产量80万吨；大草滩造型黏土总储量为9800万吨。邻近地区还有储量可观的芒硝矿及可供开采的铬、锰、萤石、冰川石等矿藏。①

二、酒钢建设初期历史概况

1955年，经过几年的经济恢复，我国国民经济有了较大好转，为了实现在全国六大区都建成重工业基地的目标，国家做出在西北地区建设钢铁基地的战略决策。当年4月，国家有关部门组织地质勘探人员在西北五省区范围内开始大规模的勘探找矿工作。西北地质局645队组成两个分队，先后从酒泉出发，进入祁连山腹地寻找铁矿资源。8月，一个分队在海拔3000多米的头道沟发现铁矿，但规模太小，只有几百万吨，工业品位也低。10月，另一个小分队在桦树沟意外发现大铁矿。根据这里储量丰富的镜铁矿，这一带的矿山被命名为“镜铁山”。此后一年多，西北地质局组建了镜铁山地质队，1000多名勘探人员进入山中，在桦树沟区域及矿脉延伸地带开山修路、打钻槽探，相继发现了黑沟矿及周围矿点。他们提交的《桦树沟矿地质勘探报告》和《黑沟矿区地质勘探报告》表明，桦树沟矿储量2.74亿吨，平均含铁品位37.85%；黑沟矿储量1.6亿吨，含铁品位最高55.16%，一般30%~40%。加上区域其他17个矿点，地质工作者共给国家提供铁矿石储量5亿多吨，可供一个年产200万 ~250万吨钢铁厂开采四五十年。②

1958年1月，经过现场考察，冶金部决定在酒泉西北约22千米处，距嘉峪关城东北约6千米的戈壁滩上建设钢铁厂。这一地区资源勘探结果较好，靠近兰新铁路，交通便利；嘉峪关下有丰富的地下水，附件还有一条讨赖河；地域开阔，建设用地投资极少；远离村舍，管理方便；距离厂区80多千米的镜铁山有丰富的铁矿，40千米处的西沟矿有地质储量约2亿吨的石灰石矿。依据上述条件，冶金

---

①《嘉峪关市志》编纂委员会编《嘉峪关市志》，甘肃人民出版，1990。

②《酒钢志》编纂委员会：《酒钢五十年·酒钢志（1958—2008）》。

部计划将这里建设成为我国继鞍钢、武钢、包钢之后的第四个钢铁基地。6月3日，国务院正式批准冶金部在酒泉建设钢铁厂的报告，按年产钢锭200万吨的规模进行设计和建设。8月1日，酒泉钢铁公司在酒泉正式成立。12月15日，酒钢正式开工建设，一号高炉、焦炉、热电站、机械总厂、矿山、水源地及铁路七大工程全面开工。1959年集结建设队伍4.2万人，在投资很少的条件下，酒钢建成了建筑材料生产基地、附属企业基地、施工用水、电力设施、铁路、氧气站和金属结构车间。① 还建成了10万平方米的简易住宅和生活设施，完成基建投资4100万元。

1960年，酒钢建设大军增至5.4万人。一号高炉主体、热风炉、除尘器、洗涤塔、焦炉煤塔外壁等施工，连续创造了全国快速施工纪录，当年完成基建投资1亿元的工程量。但下半年，全国已是“低标准，瓜菜代”时期，酒钢面临吃饭难问题，嘉峪关自然条件恶劣，戈壁滩上根本无瓜菜可代，甚至连野菜也挖不到，酒钢面临第一次停建的危机。1961年年初，中共中央西北局兰州会议决定暂缓酒钢的建设，疏散职工易地就食。酒钢5.4万多名职工，除留下1400多名看守厂区机器设备外，其余全部疏散到各地。

1964年，在当时复杂的国际形势下，国家做出了备战备荒，建设“三线”的决策，酒钢又成为西北“三线”建设的重点项目。7月，国家相关部委领导来到酒钢召开现场会，确定把酒钢建设成为我国西北的一个大型钢铁联合企业。为了保密起见，将酒泉钢铁公司更名为“三九公司”，并确定投资20亿元，两年准备，八年建成。同时，国家计委组织西北工作组到酒钢现场调查，重新制定了建设规模：年产生铁157万吨，钢锭150万吨，钢材110万吨，并确定酒钢为全国板材基地。9月，国家计委和冶金部在酒钢召开矿山技术讨论会，推进酒钢矿山基建工程。会后，北京黑色冶金设计总院重新编制了酒钢冶金厂区的初步设计，并由鞍山矿山院、焦耐院和西北电力设计院等配合，进行采矿、烧结、焦化和热电站的初步设计。当时确定的主要建设规模为：一期开采桦树沟区，年开采矿石500万吨；二期

① 参考政协甘肃省嘉峪关市委员会《嘉峪关文史资料》（第一辑）。

开采黑沟矿区，年开采300万吨。镜铁山矿开始引进当时世界先进的矿山装备，瑞典的矿石装运机 T4G、深孔台车、掘进台车、电机车、大型提升设备罐笼和566立方米空压机等，总投资达700多万美元。与此同时，建设队伍很快就集结起来，当年底就到达3000人。[①]

1965年2月，中共中央西北局作出支援酒钢建设的决定，要求西北各省、自治区党委要组织一切与酒钢有协作关系的部门，主动配合，通力协作，保证把酒钢早日建成。

1966年3月23日至24日，中央领导视察酒钢，确定了酒钢建设规模和建设进度，要求酒钢1968年出矿、出铁，1969年出钢，1970年出材，1971年建成。5月，党中央和国务院决定从北京抽调力量支援酒钢建设。北京市第二建筑公司5000人，八角混凝土构件厂300人成建制调入，另从北京市各企业中抽调250名金属结构制造工人，从石景山钢铁公司抽调1500名安装筑炉和生产维修工人，从北京市印刷公司抽调一个印刷厂，将北京医学院附属的平安医院600人及250张床位全部调给酒钢。[②]同时，国家决定将这些抽调力量整编为中国人民解放军基本建设工程兵第一纵队第二支队（代号建字02部队）。1966年8月起，酒钢基建和生产分开，酒钢基建工程全部由02部队承担，成为酒钢恢复建设中的骨干和主力。[③]

党和国家领导人的视察和各地的无私援助，极大地鼓舞了酒钢的建设者，当年完成投资1亿元。即使在“文化大革命”期间，酒钢建设者们还是克服了巨大干扰，陆续完成许多重要的建设项目。1967年，大草滩水库建成并投入使用；1968年，环城铁路支线34千米投入运营；1969年，蜿蜒于崇山峻岭之中、施工难度极大的镜铁山铁路支线73.66千米铁路线，历经“三进三出”磨难终于建成通车等。[④]

1969年，国际形势复杂多变，中苏关系紧张，东北和西北边界处于高度战备

① 参考政协甘肃省嘉峪关市文史资料编委会《嘉峪关文史资料》（第三辑）。
② 张军武编《嘉峪关漫话》，甘肃人民出版社，1997。
③ 杨柳清主编《钢铁雄师建酒钢》，中央文献出版社，2020。
④ 参考政协甘肃嘉峪关市文史资料编委会《嘉峪关文史资料》（第三辑）。

状态，本是“三线”大后方的酒钢变成了“反修前哨”，许多在建项目被调出迁建，建设规模缩减，人员被调离，酒钢的建设再度面临“下马”的危险。

1970年，在中央“抓革命、促生产”和军队要“三支”“两军”方针指导下，酒钢迎来新的转机。4月，粟裕将军受周恩来总理委托，在去新疆途中停留一天视察酒钢，并在回京之后提交的西北之行报告中阐述了对酒钢建设的意见，受到国务院的重视，最终促成酒钢建设第三次“上马”。之后，国家计划会议和省计划会议确定了酒钢建设方向，酒钢组织的万人“大会战，大家干”，全国25个省、自治区、直辖市的325家单位支援酒钢建设。随后，矿山开采出矿石，电厂开始发电，炼焦炉投入使用，并于当年9月30日顺利炼出第一炉铁水。

酒钢的诞生历经坎坷，而又催人奋进。从建设初期，酒钢就得到共和国领袖们的关注，也受到年轻共和国政治、经济、国防等因素影响。其间几经规模调整，经历了一条艰难曲折的发展道路。酒钢人为此付出了数倍于常人的努力，铸成了“艰苦创业、坚韧不拔、勇于献身、开拓前进”的“铁山精神”，在一片戈壁滩上建起了高炉，炼出了铁水。酒钢的创业道路之漫长，创业道路之艰辛，在共和国钢铁史上是罕见的。①

第二节　嘉峪关市工业遗产调查概况

一、嘉峪关市工业遗产调查情况

21世纪初，我国经济迎来高速发展时期，随着城市产业结构和社会生活方式发生变化，传统工业或迁离城市，或面临“关、停、并、转”的局面，留下了很多工业旧址、附属设施、机器设备等工业遗存。但各地区对工业遗产的保护还存在重视不够、家底不清、界定不明、认识不足、措施不力等问题。鉴于此，国家文物局于2006年5月12日下发了《国家文物局关于加强工业遗产保护的通知》，要

① 酒钢志编纂委员会：《酒钢五十年·酒钢志（1958—2008）》。

求各地区要把工业遗产作为文化遗产的重要组成部分，加强工业遗产的保护、管理和利用。其后，在2007年4月开始的全国第三次文物普查中，将工业遗产列为普查内容之一。

嘉峪关市开展工业遗产调查始于全国第三次文物普查工作。2009年5月，嘉峪关市普查办制定《嘉峪关市2009年工业遗产及其他文化遗产普查方案》，确定对嘉峪关市以工业遗产为主的新增文化遗产类型展开一次全面普查。普查组首先完成了市属（驻嘉）、乡镇和集体企业的工业遗产调查工作。这些企业大部分为嘉峪关市建市初期建成投产，配套酒钢建设和其他工农业生产的企业。经过调查，嘉峪关电厂、嘉峪关市五金厂、嘉峪关市食品公司冷库、黑山湖砖厂等12家企业还遗留有一些工业遗存。其中，黑山湖砖厂的工业遗存保持较好，数量较多，较完整地体现了建厂初期的工业生产状况。

表 3-1　嘉峪关市属（驻嘉）企业工业遗产统计表

序号	名称	地址	年代	遗存
1	嘉峪关水泥厂	嘉峪关市兰新西路 93 号	1964 年	厂房、档案
2	嘉峪关市五金厂	嘉峪关市胜利中路 12 号	1970 年	厂房、机器设备
3	嘉峪关市黏土厂	嘉峪关市大草滩火车站北侧	1970 年	厂房
4	嘉峪关市铸造厂	嘉峪关市兰新西路 53 号	1970 年	厂房
5	嘉峪关市针织厂	嘉峪关市兰新西路 2 号	1970 年	厂房
6	嘉峪关市工农被服厂	嘉峪关市新华中路 5 号	1966 年	机器设备
7	文殊水泥厂位	嘉峪关市文殊火车站南侧	1975 年	厂房
8	嘉峪关市冷库	嘉峪关市兰新西路西大桥西北 1 千米处	1970 年	车间、仓库、机器设备
9	嘉峪关百货大楼	嘉峪关市新华北路 1 号	1961 年	大楼主体

续表

序号	名称	地址	年代	遗存
10	黑山湖砖厂	嘉峪关市黑山湖地段连霍高速2965千米东北面	1958年	厂房、车间、办公场所、仓库、机器设备、车辆、工具、档案等
11	嘉峪关电厂	嘉峪关市新华北路35号	1958年	厂房
12	酒泉地区水泥厂	嘉峪关市西郊军民共建路西侧	1973年	厂房、机器设备

随后，重点对酒钢公司工业遗产调查进行了普查。在酒钢公司各部门的配合下，普查组深入酒钢公司各厂部，对酒钢选矿厂、烧结厂、焦化厂、炼铁厂（宏兴炼铁）、酒钢老干部活动中心、花海农场等 15家单位开展调查。最后，普查组又开展了酒钢镜铁山矿和西沟石灰石矿2处矿区工业遗产调查工作，发现并登记了一批具有重要历史价值、技术价值和文化价值的工业遗存。

表 3-2　酒钢公司工业遗产统计表

序号	名称	地址	年代	遗存
1	选矿厂	酒钢公司厂区铁前区北部	1958年	冶炼址、机器设备、档案、图纸
2	烧结厂	酒钢公司厂区铁前区西部	1958年	厂房、车间、机器设备、档案、图纸
3	焦化厂	酒钢公司厂区铁前区南部	1958年	厂房、机器设备、设施、档案、图纸
4	炼铁厂	酒钢公司厂区炼轧区南部	1958年	厂房、机器设备、档案、图纸
5	炼钢厂	酒钢公司厂区冶炼区中部	1958年	厂房、机器设备、档案、图纸

续表

序号	名称	地址	年代	遗存
6	机修厂	酒钢公司厂区冶金区西南部	1966 年	厂房、车间、机器设备、档案、图纸
7	热电厂	酒钢公司厂区冶金区中部	1967 年	厂房、机器设备、档案、图纸
8	原料处	酒钢公司铁前区东面	1970 年	厂房、机器设备、档案、图纸
9	酒钢运输部	酒钢公司厂区冶金区 1 号公路东侧	1958 年	车辆、机器设备、档案、图纸
10	动力厂	酒钢公司厂区冶金区 12 号公路北侧	1958 年	厂房、机器设备、档案、图纸
11	大草滩水库	嘉峪关市区西北 11.6 千米	1958 年	水库设施、档案、图纸
12	酒钢职工宿舍	酒钢职工游乐园北侧	1959—1985 年	楼房、档案
13	酒钢老干部活动中心	嘉峪关市新华北路 12 号	1966 年	办公场所、档案、图纸
14	花海农场	嘉峪关市区西北 38.1 千米	1958 年	厂房、车间、办公场所、档案
15	五一俱乐部	嘉峪关市新华中路 12 号	1959 年	大楼主体
16	镜铁山矿	嘉峪关市区南 59.3 千米	1958 年	厂房、车间、仓库、车辆、机器设备、档案、图纸
17	西沟矿	嘉峪关市西南 45 千米	1958 年	厂房、车间、仓库、车辆、机器设备、档案、图纸

同时，普查组对嘉峪关市与工业遗产相关的文化遗产展开调查。先后调查了英雄渠渠首、冰沟索桥、关城南侧泵房、桥西一号桥和地质探矿纪念碑等5处其他类型文化遗存。至此，共调查完成全市工业及其他相关文化遗产34处。

表 3-3 嘉峪关其他相关遗产统计表

序号	名称	地址	年代	遗存
1	英雄渠渠首	长城第一墩景区西侧 6 千米处的讨赖河上	1960 年	水闸、管道、大坝
2	冰沟索桥	嘉峪关市西南 29.1 千米处	2003 年（重建）	大桥主体
3	关城南侧泵房	嘉峪关关城文物景区南侧	1960 年	泵房
4	桥西一号桥	桥西火车站西南 1 千米处的讨赖河上	1960 年	大桥主体
5	地质探矿纪念碑	嘉峪关市南转盘街心花坛中心	1984 年	纪念碑主体

2020年8月，《嘉峪关市工业遗产调查与保护利用研究》课题通过甘肃省文物局批准立项。课题组开始系统收集整理嘉峪关市第三次全国文物普查资料中有关工业遗产的调查内容。从2021年3月开始，课题组实地调查核实工业遗产资料，增加新发现工业遗产资料，对已经发生改变的工业遗产保存状况进行了补充说明，进一步完善了调查资料。

二、嘉峪关市工业遗产认定说明

嘉峪关市的工业遗产属于现代工业遗产，如何科学、全面、完整地对这些工业遗产进行调查登记和认定是首先要解决的问题。由于全国对工业遗产的认定还没有一个统一的标准，我们经过讨论分析认为，如果只登记不再使用的厂房建筑或机器设备，在工厂中这类工业遗产必将有限，因为这类工业遗产大多或被更新，或被处理，能保存下来的概率很小。相反一些技术含量较高、品质较好、具有一定代表性的设施或设备，虽然年代久远，但在工人们的精心维护下，大多还在继续发挥着余热。为此，经过咨询专业技术人员和实地调查了解情况，本着完整、全面、客观的原则，将各厂区保存下来或还在使用的20世纪50—80年代具有代表性的厂房建筑、机器设备和各类设施也进行了调查登记，尽量完整收集其基本信息，充分考量到它们今后可能产生的遗产价值。还有一些企业保存的年代久远的机器设备是作为企业的固定资产闲置，考虑到这些机器设备将来去向的不确定性，为了保存资料起见，也对它们进行了登记。另外，这次调查对象是嘉峪关市地域范围和酒钢公司管辖范围内的工矿企业，主要划分为嘉峪关市属企业和酒钢公司两部分进行叙述，对企业的产权和所属地区关系的变迁历史不作具体考证；企业的所有权性质按照企业创建时期的性质来论。

工业遗产的命名也是一个需要重视的问题。根据这几年被列为全国重点文物保护单位的工业遗产和公布的国家工业遗产名单，其命名方式主要是按照工业遗产所在的旧址、基地、厂、站、公司等命名，或以单个的实物建筑设施如桥、井等命名。嘉峪关市工业遗产命名主要以工业遗产所属的厂、矿命名，以及按照建筑设施类别进行命名，基本遵循了国家工业遗产命名的惯例。

第三节　嘉峪关市属企业工业遗产

一、嘉峪关市工业配套企业

1. 嘉峪关电厂

嘉峪关电厂位于嘉峪关市新华北路35号。1958年建厂，隶属于西北电业局。1965年第一台机组发电，1967年以后有3台机组发电，1971年改为甘肃省电力工业局嘉峪关电厂，1985年有职工760人。

电厂建厂初期主要是为四〇四核工业基地供电，之后与酒钢公司电厂并网发电，为嘉酒地区供电。2000年电厂停产，由华电公司接管，发电设备出售无存，没有留下电厂的档案、图纸及相关技术资料。现在厂房由嘉峪关三威铁合金冶炼有限公司四分厂承租。

图 3-1 嘉峪关电厂发电车间（许海军 / 摄）

目前，嘉峪关电厂所在区域被重新规划建设，主体建筑基本被拆除，厂区及周边还留有部分厂房、餐厅、宿舍等生产生活配套建筑。

2. 嘉峪关水泥厂

嘉峪关水泥厂位于嘉峪关市兰新西路93号。1964年建厂，隶属于甘肃省农垦集团有限责任公司，为国有企业。2006年企业经过改制，名称改为“嘉峪关雄关天石水泥公司”，是甘肃省建材骨干企业之一。目前拥有日产1000吨新型干法旋窑生产线，具有年生产水泥50万吨的能力，拥有286名员工。主要进行水泥制造和加工，产品销往嘉酒地区、内蒙古额济纳旗、新疆等地，并出口到哈萨克斯坦、蒙古国。

厂内老旧机器已经全部淘汰或改造。厂区有潜在开发利用价值的工业遗存是整体保存较完整的第一联合生产厂房。厂内现存有建厂初期的图纸、照片和技术档案，是较为珍贵的厂史资料。

图 3-2 嘉峪关水泥厂生产区（许海军 / 摄）

近些年，随着嘉峪关关城景区旅游开发和生态环境治理，由于距离景区较近，嘉峪关水泥厂已被关停，厂区主要建筑基本保留下来，政府计划在这里规划建设文化创意产业园。

3. 嘉峪关市五金厂

嘉峪关市五金厂位于嘉峪关市胜利中路12号，占地面积9147.5平方米，建筑面积7457平方米。1970年建厂，1987年搞承包经营，重新组合。建厂初期主要是为酒钢服务，职工主要为酒钢职工的家

图 3-3 嘉峪关市五金厂生产设备（许海军 / 摄）

属。主要生产、加工和制造各种金属柜子、防盗门和电器开关等，产品供应酒钢，并且销往新疆、青海、宁夏、内蒙古及甘肃省内各地。

厂内保存有建厂初期的图纸和档案，是保存较好的厂史材料。厂内保存有两台20世纪70年代的生产设备，一台是1975年购买的剪板机，还有一台1971年生产的联合镜剪机还在使用中，上面保存有备战、备荒、为人民等标语，具有一定的历史价值。

4. 嘉峪关市黏土厂

嘉峪关市大草滩水库东侧有丰富的黏土矿，嘉峪关市黏土厂于1970年在此处建厂，建厂后黏土产品销往甘肃、四川、青海、宁夏、内蒙古、新疆等地。企业建厂初期有职工100多人。2008年，企业改制成私营企业。目前，厂区潜在开发利用价值有限，整体保存较完整的工业遗存是一座黏土生产厂房和一座黏土成品库房。

图 3-4　嘉峪关市黏土厂（许海军 / 摄）

5. 黑山湖砖厂

黑山湖砖厂位于嘉峪关市黑山湖地段连霍高速2965千米东北640米处。1958年建厂，当时拥有职工500多人，是建设酒钢的配套企业，为酒钢建设提供砖的专用厂。1966年，砖厂移交玉门市赤金砖瓦厂，厂名改为“玉门市向阳湖砖厂”，1997年成立玉门向阳建材公司。

厂区具有潜在的开发利用价值。厂区内的建筑有工房、机修车间、生产车间、砖窑、车库和生活办公区等，整体保存较为完好。厂房内部的工艺布置基本保持建厂初期格局，几座厂房的大门上仍然留有毛主席语录和头像。

厂内保存了许多建厂初期购置的机器设备，主要有进口千斤顶、电机、车床、牛头刨床、铣床等。厂内现存有建厂初期的厂史档案，是黑山湖砖厂非常珍贵的厂史资料。主要遗存有以下13项：

（1）工房。建于20世纪70年代，为连续排架结构厂房，长60米，宽15米，高8米。厂房外观及其内部房间隔断仍保持当年的特色。

（2）机修车间。建于20世纪70年代，为连续排架结构厂房，长36米，宽8米，高6米。房顶为预制板，厂房外观及其内部房间隔断仍保持当年的特色。

（3）生产车间。建于20世纪50年代，是黑山湖砖厂最早的建筑，为连续排架结构厂房，长30米，宽10米，高4米。厂房外观及其内部工艺布置仍保持当时的格局。

（4）进口千斤顶。规格为15吨，长0.25米，高0.16米，宽0.55米。千斤顶上有英文标示：SIMPLEX CAPACITY 15TONS、出厂编号及其设备简介，现在仍可使用。

（5）GC12210电机。1959年上海电机厂生产的GC12210电机两台，一台长0.85米，宽0.5米，高0.5米；另一台长1.25米，宽0.85米，高0.9米。保存完好，现在仍可使用。

（6）C616型车床。1958年国营济南第一机床厂生产的C616型车床，长2.8米，宽0.8米，高1.3米，保存完好。虽然精确度不够高，但还可以加工小型普通零件，

1. 图 3-5　黑山湖砖厂大门（许海军 / 摄）
2. 图 3-6　厂史资料（许海军 / 摄）
3. 图 3-7　黑山湖砖厂工房（许海军 / 摄）
4. 图 3-8　进口千斤顶（许海军 / 摄）
5. 图 3-9　老式车床（许海军 / 摄）

图 3-10 红旗 -100 推土机（许海军 / 摄）

图 3-11 砖窑（许海军 / 摄）

仍在使用当中。

（7）B665牛头刨床。1961年内蒙古呼和浩特机床厂生产的B665牛头刨床两台，长2.3米，宽1.5米，高1.7米，保存完好，仍可以使用。

（8）C6185型普通车床。1971年浙江机电制造厂生产的C6185型380毫米筒形普通车床，长2.4米，宽1米，高1.3米，保存完好，仍可使用。

（9）变压器。1965年沈阳变压器制造厂生产的变压器，长1.6米，宽1.2米，高1.4米，保存完好。

（10）铣床。1974年桂林机床厂生产的铣床两台，长1.7米，宽1.3米，高1.75米，保存完好，设备上仍清晰可见“自力更生，奋发图强”字样。

（11）红旗 -100推土机。厂内保存完好红旗 -100推土机7台，全部可以使用，其中有1台的驾驶室内仍清晰可见俄文标牌。

（12）砖窑。厂区保存有20世纪50年代建造的砖窑4座，后期经过加固维护，一座52门窑，两座44门窑，一座34门窑（一门可烧制一万块砖），均保存完好，正在使用当中。现在由于制砖工艺改进，砖砌烟囱已废止不用，改用大型鼓风机。砖砌烟囱保存完好，高耸于各砖窑一侧，见证着砖厂的历史。

（13）制砖机。砖厂有20世纪50年代秦皇岛制砖机厂生产的50牌制砖机两台，共有4套生产设备。生产线全部开工，可年产建筑用砖1亿块。

目前，黑山湖砖厂已经停产，由嘉峪关市工信局负责管理。砖厂的办公区、生活区、厂房、车间、砖窑等建筑设施基本保持建厂初期的历史风貌，具有一定的开发利用价值。部分具有时代特征的机器设备、档案资料被嘉峪关时代记忆展览馆收藏。

6. 酒泉地区水泥厂

酒泉地区水泥厂位于嘉峪关市西郊军民共建路西侧，占地面积247000平方米，建筑面积60000多平方米。1973年建厂，为国有企业。1993年与酒钢宏达公司联营。1998年企业经过改制，成立酒泉水泥工业有限责任公司。2000年经过股份制改制，改名为“祁峰建化有限公司”。主要生产普通硅酸盐水泥、复合硅酸盐水泥、高性能混凝土超细掺和料等产品，主要供应嘉酒地区。厂区的生料加工、烧制、磨制和成料等生产车间均为20世纪70年代建设，现仍在使用当中。

图 3-12　酒泉地区水泥厂烧制车间（许海军 / 摄）

二、嘉峪关市国有企业

1. 嘉峪关市冷库

嘉峪关市冷库位于嘉峪关市兰新西路西大桥西北1千米处，占地面积5000平方米，建筑面积3165平方米。建于1970年，属于嘉峪关市食品总公司，是为酒钢公司及四〇四、10号基地提供肉食保障的储运站。当时设计大肉储存容量2000吨，为河西最大的冷库。2004年2月被宏丰商贸公司兼并，归属于宏丰商贸公司仓储部，现在的肉食存储主要供应嘉峪关市民。

图 3-13 嘉峪关冷库储藏区（许海军 / 摄）

冷库厂房外观经过粉刷维护，基本保持建厂初期原貌，从1970年至今没有扩容。库房长70.7米，宽39米，高10米，是用来储存肉食的场所。压缩启齿房长24.9米，宽10.5米，高7米，是用来为冷库提供氨气制冷的。高压缩液间长8.4米，宽7.3米，高3米，是氨气循环压缩制冷机的机房。

目前使用的制冷机有4台，分别为：

1号制冷机：1974年10月从大连冷冻机厂购进的6AW17型每小时生产33万千

卡的制冷机，配套电机为130千瓦，产品编号为74442，为冷库建厂至今保存最老的机器设备。

2号制冷机：1989年8月从大连第一制冷设备厂购进的 S812.5型每小时生产80万千卡的制冷机，配套电机为75千瓦，无产品编号。

3号制冷机：1987年1月从大连冷冻机厂购进的8AS12.5型每小时生产23万千卡的制冷机，配套电机为95千瓦，无产品编号。

4号制冷机：1975年3月从北京冷冻机厂购进的8AS12.5型每小时生产23万千卡的制冷机，配套电机为95千瓦，产品编号为14 。

冷库所在区域位于嘉峪关文化遗产公园对面，由于旅游开发的需要，2017年冷库被搬迁。目前这一区域已被开发为嘉峪关方特二期——“方特丝路神画”游乐园。

2. 嘉峪关市铸造厂

嘉峪关市铸造厂位于嘉峪关市兰新西路53号，占地面积26000平方米，建筑面积2500平方米。1970年建厂，1998年改制为股份公司，2003年出售给私人，名称改为“火神锅炉铸造公司”。最早生产铸铁管体，现在生产锅炉和 PVC 管体，供应酒钢及其嘉峪关市周边地区。现存厂房均为1970年建厂初期修建，保存较完整的工业遗存有4间老厂房。

3. 嘉峪关市针织厂

嘉峪关市针织厂位于嘉峪关市兰新西路2号，占地面积2580.22平方米。1970年建厂，属于国有企业。1997年企业改制为嘉峪关市服装公司。2003年改为私营企业，现名为老马制衣公司。以生产成衣为主，劳保为辅，劳保主要供应玉门油田、酒钢公司以及嘉峪关市周边地区。使用的机器以20世纪90年代以后生产的为主。厂内没有保留建厂初期的图纸、技术档案，目前处于关停状态。

图 3-14 铸造厂生产车间（许海军 / 摄）

图3-15　针织厂生产车间（许海军 / 摄）

三、嘉峪关市集体企业

1. 嘉峪关市工农被服厂

嘉峪关市工农被服厂位于嘉峪关市新华中路5号，占地面积2700平方米，建筑面积3400平方米。1966年建厂，为集体所有制企业。1997年经过股份制改制，成立兰天制衣股份有限公司，2003年改为私营企业——兰天制衣有限责任公司，2008年又改名为“兰天商贸有限责任公司”。生产各种成品服装，厂外有门店在销售时装。老旧厂房都已拆除，现在厂房建于1986年，使用的设备基本上都是新近购置的设备。原厂的老设备大多已做报废处理，调查中发现一台20世纪70年代上海生产的上工牌缝纫机，年代较久，还可使用。

2. 文殊水泥厂

文殊水泥厂位于嘉峪关市文殊火车站南侧，占地面积30000多平方米。1975年建厂，1978年正式投产，属于集体企业。工厂发展较好时期曾有职工50多人，年产水泥2万吨，主要进行水泥制造，兼营农具修理和铸造，销往嘉酒地区。工厂建设初期购置的老机器和设备已经全部淘汰处理，没有保存，厂区内的生产车间为建厂时期的建筑。目前，工厂处于关停状态。

图3-16　老式电动缝纫机（许海军/摄）

图3-17　文殊水泥厂厂区（许海军/摄）

第四节　酒钢工业遗产

酒钢从1955年进行矿产勘探，到1958年开始建设，走过了社会主义工业的初步发展时期，经历了工业化大跃进的浪潮。之后，又曲折发展，工业生产出现过一段停滞，一直到社会主义现代工业大发展，产业格局重新调整，工业产品重新定位，公司运营逐步走上市场化、现代化。酒钢历经半个多世纪的建设和发展，是我国社会主义初级阶段工业化进程的一个缩影。在这一过程中，酒钢矿区、厂区遗留下来各种厂房建筑、机械设备、配套设施、运输线路及后勤保障设施等较为丰富的工业遗产。

一、地质探矿纪念碑

1955年秋，原西北地质局645队地质队员秦世伟等同志，经藏族同胞报矿，发现了桦树沟铁矿。同年12月，甘肃省委将该地定名为镜铁山。为了加速勘探，西北地质局组建634队（后称镜铁山地质队）。1500名地质勘探人员经过3年艰苦努力，到1958年10月，完成了桦树沟、黑沟、头道沟、白尖、夹皮沟等矿区的地质勘探工作，探明了镜铁山大型铁矿，为建设我国西北地区第一个钢铁联合企业提供了资源。1980年，地质部授予该队“地质找矿重大贡献单位”的光荣称号。在勘探过程中，当地党政机关和人民群众以及玉门石油管理局给予了热忱

图3–18　“钢城的开路先锋”纪念碑（许海军/摄）

指导和有力支援，为勘探工作的顺利进行做出了贡献。不幸的是，白兴民等11位年轻的地质队员献出了宝贵的生命。为了纪念他们，1984年10月，甘肃省人民政府和中华人民共和国地质矿产部建立起的“钢城的开路先锋”纪念碑，成为嘉峪关市的标志性建筑和精神遗产。

“钢城的开路先锋”纪念碑立于嘉峪关市南转盘街心花坛中心，1984年10月建成，坐北向南，全高11.2米，外围基座平面呈正方形，占地面积23.04平方米，边长4.8米。碑体高8.7米，南面正中贴黑色大理石，上书“钢城的开路先锋”几个大字，右侧“纪念”两字较小，左侧落款为“甘肃省人民政府 中华人民共和国地质矿产部 二〇〇八年五月改建 一九八四年十月立”。碑体初建时面饰浅赭色大理石纹，改建后为暗红色花岗岩造面，基座提高了0.7米，由北向南呈四层阶梯状。碑身上部塑两个地质队员形象，人像高2.5米。碑体后面有碑文，记载了立碑的缘由，是为了纪念在勘探镜铁山矿过程中献出宝贵生命的年轻地质队员们，他们永远值得我们怀念。“展英豪群体，显时代风貌，找矿立功光荣！献身地质事业光荣！艰苦奋斗光荣！”是当年的时代号召和精神激励，展示了雄关儿女建设幸福家园的豪迈气度。

二、酒钢矿山工业遗产

1. 镜铁山矿

镜铁山矿位于祁连山腹地，甘肃省肃南裕固族自治县祁丰区境内，讨赖河横穿矿区，河东岸为黑沟矿，西岸为桦树沟矿。距嘉峪关市铁路里程78千米，公路里程138千米，东面为肃南裕固族自治县祁青乡，南与青海接壤。镜铁山矿于1955年由藏民报矿发现，1956年开始勘探，1958年建设。经过勘查和分析调研，冶金部决定在嘉峪关下建设酒泉钢铁公司，同时镜铁山矿开始组建。

1959年4月镜铁山矿成立矿党委。1961年矿山建设中断。1964年8月矿山恢复建设。1965年成立镜铁山建设指挥部。1966年成立中共镜铁山矿区工委，同年4月镜铁山矿撤销，成立三九公司一矿。1968年4月成立三九公司一矿革命委员会。

图 3-19　镜铁山矿远景（许海军 / 摄）

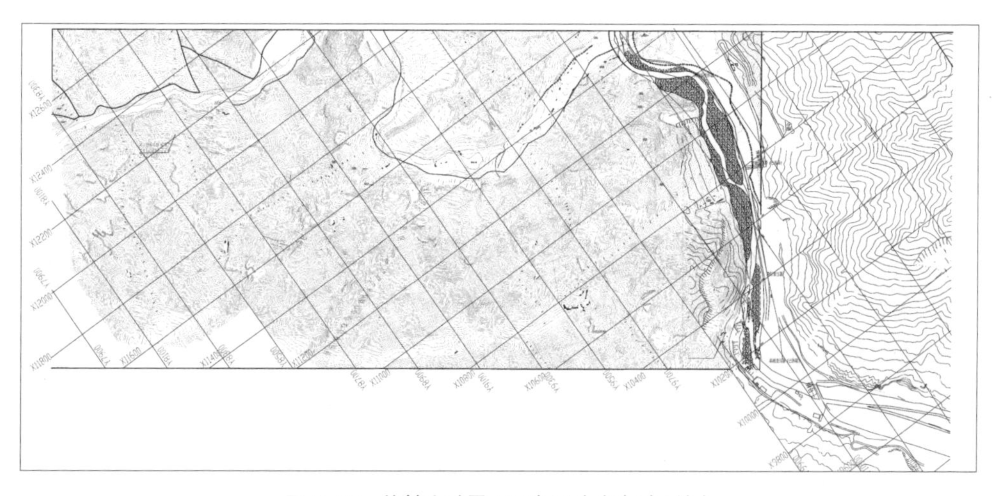

图 3-20　镜铁山矿平面示意图（牛海鹏 / 绘）

1971年7月部队接管矿山。1977年11月，停止使用一矿名称，对外使用酒泉钢铁公司镜铁山矿。1981年1月、1987年12月、2000年矿内机构进行三次大调整，2002年1月镜铁山矿黑沟矿业区成立。2004年10月甘肃龙泰矿业有限责任公司一矿成立，保留酒钢镜铁山矿名称。2005年5月由华泰公司监管的周边矿的生产管理划归龙泰矿业公司管理。

经普查组现场勘查，发现具有一定历史价值和技术价值的厂房建筑和设施设备共16项。

（1）小空压机房。建于1970年，为砖木钢架结构，长42米，宽12米，高8米。机房顶部为“人”字形钢架梁，有上下两层木制窗户，东南面与变压器房连接。变压器房长15米，宽3米，高6米，分4间。空压机房南端有4间长宽均为3米的值班室，现已不用。小空压机房内部装有4台 BTD2-100型空气压缩机和1台5吨龙门吊车。

（2）小空压机。小空压机（BTD2-100型空气压缩机）是1971年由日本东京日立株式会社生产，机器长5.2米，宽3.35米，高2米，编号为921086-0138，匹配功率450 千瓦，每分钟运转590转，每分钟输出压缩空气103.2立方米。小空压机是给桦树沟生产保障作业区风动设备提供风源的重要设备。

（3）大空压机房。建于1970年，为两层砖混结构，机房顶部为预制板覆盖。机房总长50米，宽15米，高12米，分为南北两段。南段20米部分为变压器室，内部装有6台大型变压器。北段一层是值班室和工房，二层装有4台新型大功率的空压机和两台1971年瑞典 ASEA 生产的 MOTOR 3型空气压缩机。机房顶部装有1台20吨的龙门吊车。

（4）大空压机。大空压机（MOTOR 3型空气压缩机）是瑞典 ASEA 公司1971年生产。机器长7米，宽1.8米，高1.8米，编号为5861657，匹配动力为2800 千瓦，电压6000伏特，电流305安培，每分钟运转2984转，每分钟输出压缩空气3800立方米。大空压机是给桦树沟井下风动设备提供风源的主要设备。据介绍，由于瑞典的 ASEA 工厂已经不存在，现在镜铁山矿的 MOTOR 3型空压机，是全世界仅存

1. 图 3-21 小空压机房（许海军 / 摄）
2. 图 3-22 小空压机（许海军 / 摄）
3. 图 3-23 大空压机房（许海军 / 摄）
4. 图 3-24 大空压机（许海军 / 摄）

图 3–25 电工厂房（许海军 / 摄）

两台还能够正常运转的此类型号的大型空压机之一。

（5）电工厂房。1965年由02部队建设，为砖混结构，主辅连接建筑。厂房整体长42米，宽18米，高12米，主体房顶为“人”字形钢架梁，长42米，宽12米，高12米。辅体为长42米，宽6米，高7米的平房。主体厂房内部装有一台5吨的龙门吊车，辅体部分现在成为库房。厂房主体大门上写有“领导我们事业的核心力量是中国共产党”“指导我们事业的核心思想是马列主义”“毛主席万岁”等标语。在辅体厂房的外墙上也写有“纪念白求恩”“为人民服务”等。工房的建设格局保持建设时期面貌，保存完好。

（6）矿山医院旧址。20世纪60年代初建成的一座两层仿苏式建筑，由水泥和石块砌筑而成，非常坚固。医院旧址从顶部俯看平面呈一个巨大的“E”字形，高大窗户和窗户之间突出的廊柱，有明显的苏式风格建筑特色，楼顶排水管上的红色五角星标志还熠熠生辉。楼房长60米，宽19米，高8米，现已废弃。在医院

图 3-26 矿山医院旧址（许海军 / 摄）

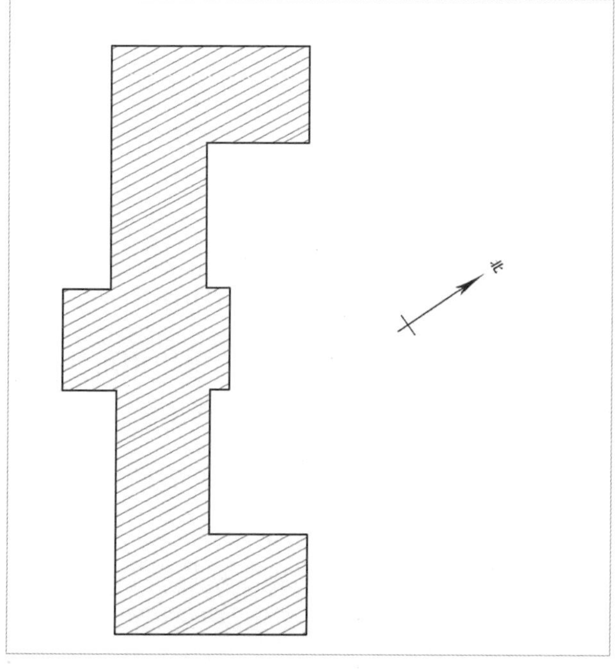

图 3-27 矿山医院旧址平面示意图（牛海鹏 / 绘）

四周的外墙上写满了毛主席语录，时代特色非常明显。

（7）矿山一号宿舍楼。20世纪60年代初，由02部队建设，是镜铁山矿最早的宿舍楼，由水泥和石块堆砌而成。后期又在原二层的顶上加筑一层。宿舍楼建造得非常坚固，虽然墙体外表有些漆面已经掉落，但是不影响楼房的使用。楼房长42米，宽13米，高8.5米，共两层，每层有28间宿舍，1间水房和1间厕所。每间宿舍长4.5米，宽3米，高2.8米，墙体比普通墙体厚许多，达到0.63米，其坚固程度可见一斑。

（8）粮仓旧址。位于物资供应部新村料场大院内，建于20世纪60年代建矿初期，是02部队储存粮食的主要场所。粮仓北面靠山，南面有讨赖河流过。现存粮仓共3座，呈东西向一字排开，东、西两边的两座粮仓保存较好，中间一座损毁较严重。粮仓为圆形，直径8米，基座高0.5米，由碎石块堆砌而成；墙壁由红黏土和麦草混合的泥块堆筑而成，高3.5米，宽0.3米，在墙壁上开有4个0.5平方米的透气口。粮仓现已经废弃。

（9）镜铁山矿职工俱乐部及其设备。俱乐部是1976年建成并投入使用，为砖混结构。由前门厅和剧场两部分组成。前门厅为3层结构建筑，面宽33米，进深6.5米，高14米。剧场为一层，长47米，宽33米，高10米。剧场设有940个观众席和一个舞台。舞台部分长22米，宽15米，两侧有灯光控制室、演员化妆间、休息室等。俱乐部是镜铁山矿区电影放映、文艺汇演、召开各种大型会议和聚会的主要场所。俱乐部背后靠山，周围分布有网吧、职工宿舍、超市、职工餐厅等生活设施，是镜铁山矿工人聚会活动的主要场所。

在俱乐部门厅2楼上设有放映机房，内部装有两台由哈尔滨电影机械厂于1965年4月生产的松花江550型电影放映机，放映机长1.5米，宽0.5米，高1.7米，编号为651611和651631，是电影放映的主要设备。还有1台由上海青浦电器厂1984年1月生产的750瓦幻灯机，编号为1–6–6，幻灯机长1.1米，宽0.34米，高1.4米；1台由上海电影机械厂于1964年12月生产的炭精幻灯机，编号为64458，长0.93米，宽0.3米，高1.6米。这些放映设备保存完好，还能正常使用。

1 | 2
3 |
4

1. 图 3-28 矿山一号职工宿舍楼（许海军 / 摄）
2. 图 3-29 粮仓旧址（许海军 / 摄）
3. 图 3-30 放映机（许海军 / 摄）
4. 图 3-31 镜铁山矿职工俱乐部（许海军 / 摄）

图 3-32　罐笼提升机入口（许海军 / 摄）

图 3-33　罐笼提升机主机（许海军 / 摄）

（10）罐笼提升机房。位于海拔3127米的桦树沟矿山体的半山腰上，为1971年建成，1972年投入使用，属于窑洞式建筑。提升机房整体长18米，宽10米，高10米。机房分为计算机控制区和罐笼主体区。计算机控制区内装有1台主控计算机和6块视频监视器，罐笼主体区内安装有1台罐笼提升机、1台小型空气压缩机和1台5吨的龙门吊。

（11）罐笼提升机。1972年从瑞典 ASEA 厂进口的 ABB 型罐笼的垂直提升高度为420米，从海拔2640米升至3060米，运行时间4分钟。罐笼提升机由罐笼、电机、减速机和卷筒4部分组成。其中，罐笼长4米，宽2米，总高5米，自重10吨。罐笼分为上下两层，每层可运15人，一次可运送30人，每次可载货15吨；电机为 TYPLAD109型，编号为 N5861630，动力输出为440千瓦，电机长2.1米，宽1.5米，高1.6米。减速机为 UBDFA271型，编号为 NK154410，功率400千瓦，870/54.5r/m，长1.4米，宽3.3米，高1.65米。卷筒型号1750，长2.7米，宽4.3米，高2.3米。

（12）斜坡卷扬机。1970年建成投入使用，从海拔2640米到2940米，垂直提升高度300米，斜面卷扬机轨道长约400米，在斜坡轨道上安装有两台卷扬机吊斗，是上下运送工人和物资的主要设备。目前，由于斜坡卷扬机运营成本较高，其部分功能被罐笼提升机取代，现已停止使用。

（13）矿道。桦树沟井下矿道总长78千米，分为有轨矿车运矿矿道、汽车运输矿道和排废矿石的专用矿道。单轨矿道截面宽3.5米，高3.5米，呈拱形，矿车轨道宽0.9米，在矿道一侧有排水沟，上用水泥盖板覆盖，排水沟一侧的墙壁上装有一排专用电缆，矿道壁用水泥和石板加固。双轨矿道宽7米、高4米，可并排运行两辆矿车，矿道顶部安装有声控顶灯，部分地段积水较严重。

矿道主体呈环形分布在山体中，主体矿道的两边有支线矿道四通八达，相互连接，矿道中有溜井、物资专用提升井和人员提升罐笼。矿道垂直高度60米一个分层，从山底部到山顶共8层分布在山体中，由罐笼提升机上下连接各个溜井、开矿点和风洞等。矿石的开采是从顶部向下分层开采，桦树沟矿年产600万吨，以此产量可连续开采80年。

（14）破运作业区。由粗破车间、中破车间、磁选车间和保温罐组成，建于20世纪60年代初。粗破碎间为两层砖混结构建筑，长18米，宽12米，高15米，粗破碎间内安装有两台粗破碎机。中破碎间为砖混结构建筑，长36米，宽18米，高

图 3–34 斜坡卷扬机坡道（许海军 / 摄）

图 3–35 双轨矿道（许海军 / 摄）

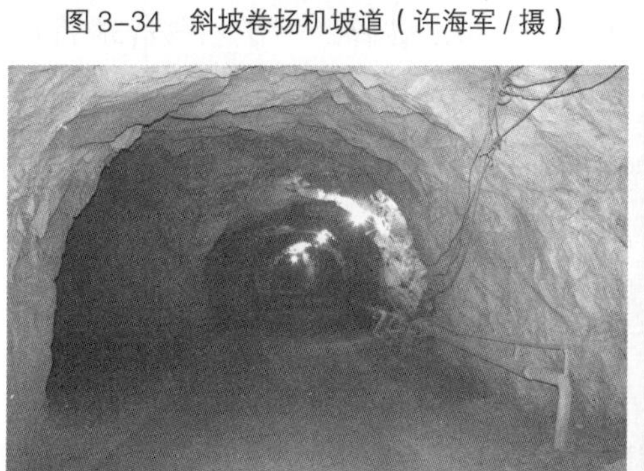

图 3–36 汽车运输矿道（许海军 / 摄）

图 3–37 粗破碎间（许海军 / 摄）

图 3–38 保温罐（许海军 / 摄）

15米，中破碎间内安装有3台中破碎机。保温罐由5个直径10米、高16米的圆形配矿辅槽南北向线性连接而成，每个单体罐仓可储存矿石2000吨，保温罐每年可为酒钢公司供应配比好的铁矿石400万 ~500万吨。

破运作业区的作业流程是运矿电动火车将矿石从桦树沟矿道中运至曲轨，然后将矿石倒入矿仓，再运至矿石粗破碎机，经过初步破碎，将矿石破碎成直径0.1~0.12米。然后用运输皮带将初步破碎的矿石运送到中破碎机进一步破碎成直径0.06米左右的矿石碎块，再由运输皮带运至磁选机进行初步筛选。选好的矿石根据含铁量的不同由皮带运至配矿辅槽（保温罐），在保温罐中将各种品味的矿石按一定比例配好，装入矿车，由铁路运至酒钢原料处，等待进一步筛选然后进行烧炼。

（15）TORO 400E 铲运机。芬兰制造，编号27104608，自重24.5吨，输出动力为110千瓦，电压为1000伏，电阻为50赫兹，每次可产运6立方米矿石，约重6.3

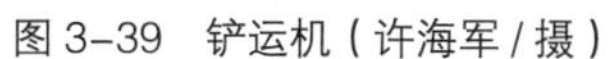

图 3-39　铲运机（许海军 / 摄）

图 3-40　联合装运机（许海军 / 摄）

吨，铲运机长10米，宽2.4米，高2.1米，是把开采的矿石运进溜井的主要机器设备。镜铁山矿一直在使用此类型号的铲运机，此次调查的这台机器是1997年生产。

（16）T4G 联合装运机。1970年山东生产的重型装载运输机器，长4.54米，宽1.39米，高2.64米，自重5吨，自走速度1~1.2米 / 秒，铲斗容量0.3立方米，储矿仓容积1.8立方米，铲装岩石最大块度0.65米，车体转弯内半径6.5米。机器正常的工作风压为0.5~0.7MPa，铲斗气动机功率20马力，行走气动机功率14马力。它是桦树沟矿道内运输矿石的重要运输设备。

2. 西沟矿

西沟矿位于嘉峪关市西南45千米处的祁连山北麓，甘肃省肃南裕固族自治县祁丰区境内，东北距嘉峪关市区45千米。矿山所在山脉呈东西向延伸，横向沟谷发育，总地势南高北低，山势陡峻。西沟矿是一座露天开采、平峒溜井开拓的石灰矿，年产石灰石达210多万吨。

1958年9月，镜铁山矿西沟石灰石车间成立。1959年4月西沟石灰石车间撤销，成立酒泉钢铁公司西沟矿。1960年6月成立矿党委。1966年4月西沟石灰石矿未撤销，成立三九公司二矿。1967年受“文化大革命”冲击，组织机构瘫痪。 1973年三九公司二矿撤销，成立酒泉钢铁公司二矿。1977年停止使用酒泉钢铁公司二矿，恢复酒泉钢铁公司西沟矿名称。2003年9月，西沟矿采矿部分划归龙泰矿业公司。2004年10月成立酒钢矿山管理办公室西沟办事处，保留西沟矿名称，西沟矿整体

图 3-41　西沟矿远景（许海军 / 摄）

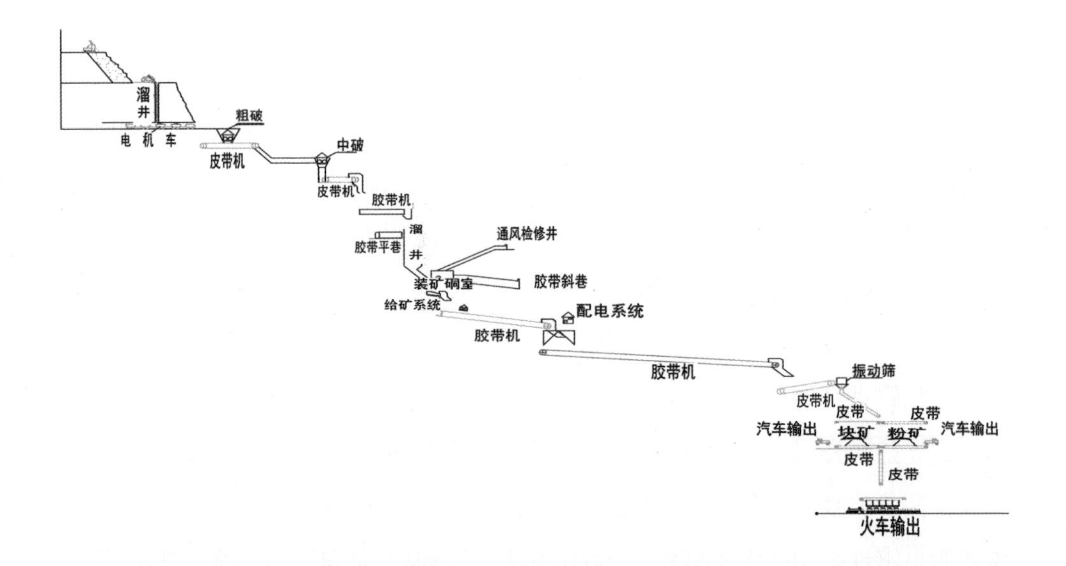

图 3-42　西沟矿生产工艺流程图（牛海鹏 / 绘）

移交甘肃龙泰矿业公司实行业主管理。2005年7月，成立镜铁山西沟矿作业区至今。

经过普查组现场调查，酒钢公司西沟矿保留较好的工业遗产和老旧设施设备共18项。

（1）KQX-150潜孔钻。20世纪70年代初由江西矿山机械厂生产，是西沟矿进行矿石生产的主力设备。潜孔钻长6.5米，宽3.4米，高10米，钻孔直径150毫米，钻孔角度60°~90°，钻具回转速度18.8转/分钟，扭矩3180 N·m，提升速度12米/分，最大轴压力11760牛顿，行走速度0.83千米/小时，自重28吨，最大钻深度18米，工作功率180千瓦，最大功率240千瓦。此台潜孔钻现已废弃不用，停放在矿山的作业平台。目前正在使用的是同一厂家20世纪80年代和90年代生产的设备，型号和技术参数基本相同。

（2）WK-4电铲。由太原重机厂于1969年生产的重型矿山开采机械设备，电力驱动，额定电压468伏，电流272安，电铲自重180吨，每铲可装矿石4立方米，约6吨重。电铲长6.5米，宽5米，高10米，它是把开采的矿石装入矿车倒入溜井的重型运输设备。在电铲的几台直流电机上还留有毛主席语录“领导我们事业的核心力量是中国共产党，指导我们思想的理论基础是马克思主义”“政治工作是一切经济工作的生命线……”等，时代特征明显。

图3-43　潜孔钻（许海军/摄）

图3-44　电铲（许海军/摄）

图3-45 溜井（许海军/摄）

图3-46 斜坡卷扬机道（许海军/摄）

（3）溜井。西沟矿共有两座溜井，1号溜井是1966年5月由02部队11大队采用吊罐分三段从上往下施工开挖的，中心采用地质钻机向下打孔100米，井筒4米，于1970年施工安装完毕。2号溜井是1973年6月到1974年6月，由02部队11大队同样采用吊罐分3段从上往下施工建成，全长292.6米。1975年8月到11月，由02部队将1、2号溜井直径从4米刷大到6米。溜井是把已开采的矿石从山顶运送到半山腰水平矿洞的直接通道。

（4）斜坡卷扬机。斜坡卷扬机是矿山人员和物资运输的第二通道。1959年，矿山初建时由鞍山钢铁设计院设计，1960年开始施工，1961年西沟矿缓建时停止建设，1965年矿山恢复建设时鞍山设计院又对斜卷进行了重新设计，斜坡共分为3段坡度，全长837.6米，全部采用双轨斜坡道，于1973年各项指标测试合格后交付西沟矿使用。

斜坡卷扬机采用KJ2315D-30型卷扬机1台，最大静拉力10000千克，最大拉力差5000千克，卷筒直径8米，提升速度3.7米/秒。人员提升车采用CRK-15型车4辆，每辆车自重1950千克，每次上升或下降两辆。运物资采用三角小台车，台车自重2400千克，载重不得超过8000千克，钢绳总长2300米。电动机为JRQ147-8型，200千瓦，6000伏特。斜卷的主要任务是运送上下山的工作人员，空闲时运送一些小件物资。

（5）粗破碎机。1968年生产，为SP-900型旋回式破碎机，自重140吨，给矿

图 3-47 粗破碎机（许海军/摄）

图 3-48 中破碎间（许海军/摄）

粒度0~750毫米。粗破给矿仓容295立方米，给矿口直径4米，排矿口仓容36立方米。排矿采用1400槽式给矿机向中破碎机给矿，给矿量为300~650吨/小时。

（6）中破碎间。由一座四层砖混结构的楼房和两层砖木结构工房复合连接而成，东西长18米，南北宽12米，高12米。其中主体楼房部分长、宽、高均为12米；砖木结构部分长12米，宽6米，高6米，是中破碎机控制机房；地下部分和中破碎机相连接部分为皮带通廊。中破碎间安装有一台2200标准型圆锥破碎机和一台30吨的龙门吊车。建矿初期，此类砖混、砖木结构厂房中在矿区内很多，比较有代表性。

（7）架空索道。由鞍山设计院603所于1966年设计，是国内第一条自动化的架空运输索道，全长11.7千米。装矿站比卸矿站高1088米，线路最大坡度23°，分5段牵引。索道年运输能力80万~100万吨，每小时可运输148~186吨。矿斗容积1立方米，矿斗自重571千克，索道运行速度2.8米/秒，矿斗间距84~112米，牵引索自重8吨。

索道为双平行循环式，装卸站设在中破矿仓下面，卸矿站设在与筛分皮带交接的转运矿仓上，因此装卸矿站是相互共用的，只有线路支架和锚固是分开的。索道共有支架182个，锚固站4个，线路中间设4个中间站。第一拽引区长1046米，高差237米；第二拽引区长1074米，高差239.5米；第三拽引区长1981.7米，高差143米；第四拽引区长3598.4米，高差235.5米；第五拽引区长4004米，高差233米，可同时开启运转。目前，架空索道已经停止使用，由皮带运输系统代替。

图3-49 架空索道(许海军/摄)

图3-50 架空索道中间站(许海军/摄)

图 3-51 机器加工厂房（许海军/摄）

（8）机器加工厂房。20世纪70年代初由02部队建设的砖混结构厂房，整体长42米，宽8米，高10米。外墙留有“团结紧张，严肃活泼”“坚定不移地朝着我们的奋斗目标大踏步迈进”等标语。

机器加工厂房是西沟石灰石矿加工各种机器设备零件的主要车间，厂房内部装有10台各式车床。

插床：抚顺机床厂1974年11月生产的B5020型插床，编号259。插床长1.3米，宽0.56米，高2.5米，是制作各种零件插件槽的专用设备。

图 3-52 插床（许海军/摄）

万能升降台铣床：北京第一机床厂1969年10月生产的X62W型铣床，出厂编号690825。铣床长2.3米，宽1.6米，高1.7米，工作台面长度1.25米，宽度0.32米，是铣键槽的重要设备。

牛头刨床：解放军济南军区山东建设生产兵团第五团1973年2月生产的B665型刨床，出厂编号730246。刨床长2.3米，宽1.4米，高1.7米，最大刨削长度650毫米，是加工各种设备部件的重要设备。

普通车床：大连机床厂1969年3月生产的C620G型车床，出厂编号271。车床长3.1米，宽0.7米，高1.4米，床身最大工件回转长度4米，最大工件长度1.5米，是加工各种机器零部件的重要设备。在车床上还留有"下定决心，排除万难，不怕牺牲，争取胜利"的毛主席语录。普通车床共有4台，另外3台也是同一时期生产。

滑座式摇臂钻床：中捷人民友谊厂1971年6月生产的ZP3350型钻床，出厂编号7108。钻床长3.6米，宽1.1米，高2.8米，最大钻孔直径50毫米，最大跨径1600毫米，是给零件打孔的重要机床设备。

落地式砂轮机：新乡机床厂1975年生产的3LS400型砂轮机，专用砂轮直径400毫米，砂轮机长0.8米，宽0.5米，高1.2米。在砂轮机上还留有文字："我们的同志要在困难的时候，看到成绩，看到光明，要提高我们的勇气。"

管子螺纹车床：上海第二机床厂1974年7月生产的Q1319型车床，出厂编号74-597。车床长2.8米，宽1.4米，高1米，最大加工直径190毫米，是给零部件管子加工螺纹的重要设备。

（9）电修厂房。由02部队于20世纪70年代初建设的砖混结构建筑。厂房长24米，宽12米，高8米。在厂房内安装有一台5吨的龙门吊车和一些等待维护和保养的各种型号的电机。在电修厂房的外墙上有"抓革命，促生产""认真读书学习，弄通马克思主义"等宣传口号。电修厂房是西沟矿修理电机设备的主要场所。

（10）钳工厂房。02部队20世纪70年代建成的砖混结构建筑。厂房长30米，宽12米，高8米。厂房南面外墙壁上写有"全心全意地为人民服务""团结起来争取更大的胜利"等标语。在厂房的内部装有一台3吨的电葫芦和一台16毫米剪板

图 3-53 万能升降铣床（许海军 / 摄）

图 3-54 牛头刨床（许海军 / 摄）

图 3-55 普通车床（许海军 / 摄）

图 3-56 滑座式摇臂钻床（许海军 / 摄）

图 3-57 落地式砂轮机（许海军 / 摄）

图 3-58 管子螺纹车床（许海军 / 摄）

图 3-59　电修厂房（许海军 / 摄）

图 3-60　钳工厂房（许海军 / 摄）

图 3-61　剪板刀纵放联合冲剪机（许海军 / 摄）

图 3-62　大车修理库（许海军 / 摄）

图 3-63　矿山职工俱乐部内景（许海军 / 摄）

刀纵放联合冲剪机。

剪板刀纵放联合冲剪机型号为 Q34-16，是由黑龙江锻压机床厂于1967年9月生产，出厂编号67-650。冲剪机长1.5米，宽0.6米，高1.8米，可剪板最大厚度16毫米，是钳工厂房安装使用的重要机器设备。

（11）大车修理库。由02部队修建，东西长36米，南北宽30米，高12米，属砖木结构建筑。车库由两部分组成，主体部分宽18米，高12米，是修理贝拉斯7253等大型矿车的修理间。辅助部分宽12米，高8米，是修理推土机和挖掘机的重要场所。在车库内部西侧有休息间。大车修理库是西沟石灰石矿的重型车辆的主要修理场所。

（12）矿山职工俱乐部。1985年由酒钢设计院设计，同年开始建设，1987年12月2日建成投入使用，建筑面积1451平方米。俱乐部长46米，宽28米，前部门厅面宽28米，进深6米，高14米，分4层，设有电影放映室、电视台播映室、职工教育培训室、图书室和阅览室等。后部有放映厅和舞台，放映厅长40米，宽28米，高9米，为俱乐部的主体部分，设有座椅768个。俱乐部是矿山职工娱乐、开会和文艺演出的重要场所。

2021年4月，在进行工业遗产复查过程中，新发现建矿初期由02部队建设和使用的部分生产和生活建筑旧址6处。其中，02部队指挥部旧址、卫生所旧址、机修车间旧址和02部队营部旧址等4处遗址分布较为集中，位于西沟矿腹地深处，祁连山北麓西沟西岔河口岸边台地之上，北距矿区总部约2.5千米。这几处旧址处于西沟河谷地带，河谷南北向发育，地势南高北低，有山地、森林、草原分布，山上积雪不化，天气寒冷，山势交错，碧树腾空，群峰高峙。西北侧为矿场采矿区卷扬机轨道设施，周边除工业生产建筑设施外，没有人长期居住痕迹。另外，还有矿工家属临时住房旧址和腰泉营房旧址两处工业遗产散布于矿区内。

（13）02部队指挥部旧址。位于西沟矿总部南面河谷西岸，通往斜坡卷扬机轨道公路东侧，北距卫生所旧址5米。房屋坐西向东，面阔三间，长24米，宽10米，高3米。中部有纵向走廊贯通南北侧室，南面第二间房内残存两开口双灶台。房顶漏水严重，局部有破洞，屋顶积雪消融后屋内地面泥泞不堪，羊粪堆满地面。

（14）卫生所旧址。位于西沟矿总部南面河谷西岸，通往斜坡卷扬机轨道公路东侧，与机修车间遗址隔路相望。房屋坐西向东，面阔三间，长18米，宽10米，高3米。墙体皆由石块砌筑，基部与顶部做水泥裹面处理（似混凝土结构）。东侧墙面涂有标语，年代相叠压，字迹湮灭，辨认不清，今人所提打油诗尤为亮眼。最北侧屋内有羊倌常住，有电线设备、床铺等生活设施。

（15）机修车间旧址。位于西沟矿总部南面河谷西岸，通往斜坡卷扬机轨道公路西侧。旧址长约66米，宽10米，仅存24根墙体立柱，分为两列，南北向排列，每排立柱间距6米，立柱单体高约3米。旧址地面杂草覆盖，有房屋墙基遗迹。

（16）02部队营房旧址。位于西沟矿总部南面河谷西岸，通往斜坡卷扬机轨道公路东侧，指挥部旧址台地东面20米处。遗址坐西向东，面阔两间，布局宽敞，现仅存墙体廓落，长30米，宽13米，高约3米，屋顶不存。

（17）矿工家属临时住房旧址。位于西沟矿腹地，祁连山北麓西沟河东岸台地之上，北距矿区总部约1.5千米，占地面积约15000平方米。住房全部坍塌，仅存部分矮墙，部分断面可见房屋墙体由就地取材的石块砌筑。

（18）腰泉营房旧址。位于祁连山北麓西沟河谷南岸小山下，西距西沟矿总部约7千米，西南约1.5千米处为腰泉所在，有牧民居所一处，草场羊圈等生产生活设施，占地面积约5400平方米。旧址由北向南分列三排，每排长约90米，间距10米、20米不等，均已坍塌，仅存矮墙。墙体为土坯砌筑，墙面做裹泥处理。土坯有红土与黄土两种土色。

三、酒钢厂区工业遗产

酒钢厂区位于嘉峪关市区东北部，工业遗产主要分布在选矿厂、烧结厂、炼铁厂、焦化厂、机修厂、运输部、动力厂、热电厂、炼钢厂以及原料处等单位，各单位都有一些具有代表性的工业遗产。

1. 选矿厂

酒钢公司选矿厂是1958年酒钢公司上马时规划组建，当时名为选矿烧结厂，规划年处理原矿能力1800万吨。规划之初设想要建成国内容积最大的100立方米竖炉80座，实际建成42座，现在有26座仍在使用中。选矿厂1966年12月改名三九公司选矿厂，1972年撤销三九公司选矿厂成立酒泉钢铁公司选矿厂，直到2008年11月5日，选矿厂和烧结厂重新合并为酒钢选烧厂。

选矿厂现有100立方米鞍山式还原炉焙烧竖炉26座，闭路磨矿分级10个系列，SHP-3200型强磁选机10台，直径50米周边式浓缩机5台，直径25米浓缩机3台，年处理原矿产量650万吨，铁精矿生产能力300万吨，其中红矿选矿技术在国内处于领先地位，具有国际先进水平的综合自动化控制系统。选矿厂主体厂房大多都经过后期改造，机器设备大部分已经过改造和升级换代，难觅出厂时的踪影，但有个别工业遗产保存较好，具有代表性，主要有以下3项。

图 3-64　选矿厂焙烧炉（许海军 / 摄）

（1）鞍山式还原炉焙烧竖炉及支架。建成于1972年，到1980年基本形成完善配套的系统，现在正在使用的有26台，另有16座竖炉水泥支架因建厂初期对生产盲目估计而导致废弃闲置。每台焙烧竖炉的规格相同，体积为12.76米×5.74米×9.7米，设备单重为506吨，有效容积为112立方米，生产能力为26吨/小时。据介绍，酒钢的鞍山式还原焙烧炉由于技术成熟，维护保养及时，是目前国内唯一还在使用的此类选矿设备，具有一定的技术价值。焙烧竖炉支架长30米，宽8米，高24米，高大的支架周围种植了花草树木，成为厂内的一道风景。

图3-65 鞍山式还原焙烧炉支架（许海军/摄）

鞍山式还原炉焙烧竖炉在粉碎矿石入炉后，经过1300℃的高温加热，把三氧化二铁催化成四氧化三铁，使其更容易被磁选机吸附，为炼钢烧结前的一道重要工序。

（2）周边式浓缩机。建成于1967年，由鞍山矿山设计院设计，中国人民解

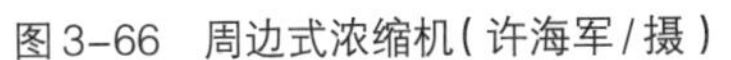

图3-66 周边式浓缩机（许海军/摄）

图3-67 桥式起重机（许海军/摄）

放军02部队建设，现在仅存4台，一号为精矿浓缩，二号为机动备用浓缩，三号、四号为尾矿浓缩。浓缩机安装主体直径50米，深度为4.5米，面积为1963平方米，容量为6000多立方米，每圈转动时间为20分钟，是用来增加精矿浓度、提高选矿效率的设备。

（3）桥式起重机。1970年，选矿厂精矿车间安装了一台150吨桥式起重机，由大连起重机厂制造，起重机内部电机为苏联制造，是当时酒钢最大的起重机，技术处于国内领先地位。桥式起重机距地面高度为16米，轮距为12米，长度为2跨12米，吊钩重30吨，是用来安装大型机器设备的重型装备。

2. 烧结厂

酒钢公司烧结厂为1958年筹建，1960年年底酒钢缓建，烧结厂撤销。1966年11月成立烧结筹备组，为确保一号高炉1970年1月1日出铁，在烧结系统成型之前，1969年建成土法烧结机为高炉生产熟料。1972年建成一号烧结机，1974年1月烧结厂与炼铁厂合并，时间长达5年。1977年5月建成二号烧结机。1996年建成三号烧结机，生产酸性小球烧结矿。2003年按照工序设置内部机构，撤销厂级管理机构，仅保留烧结厂名称。2004年8月和10月先后建成一、二号竖炉，生产酸性球团。

烧结厂主要设备为三台130平方米烧结机，一、二号烧结机生产自熔性烧结矿。三号烧结机投产后，一、二号烧结机生产高碱度烧结矿，三号烧结机生产酸性球团烧结矿。烧结厂主体厂房基本保持建厂初期的特色，机器设备大部分已经过改造和升级换代，难觅出厂时的痕迹。经过现场勘察，在选矿厂保存较完好的工业遗产有以下9项。

（1）烧结机。一号烧结机为鞍山黑色冶金矿山设计研究院设计，1972年7月建成，以生产自熔性烧结矿为主。经过技术革新后，每台烧结机每小时可生产烧结矿220吨。1996年三号烧结机投产后，一号烧结机生产高碱性烧结矿，碱度为1.15度，品味为49.67，合格率为86.15%。

（2）抽烟机。1972年由02部队建成，一、二号抽烟机每分钟抽烟量为6500立方米，电机配置为2000千瓦。三号抽烟机每分钟抽烟量为1300立方米，电机为1973年从乌克兰进口的 K800-2240J 型240267号电机，配置为3250千瓦，定子电压为10000伏特，定子电流为225安培，转速为每分钟993转，经过多次维护和保养，现仍在使用当中。

（3）圆锥液压破碎机。20世纪70年代初由02部队建成，底座长5.4米，宽4.3米，机体直径3.7米，高4.2米，为破碎高品位铁矿石专用设备，现已暂停使用。

（4）烧结主厂。1968年由02部队开工建设，1970年建成，1971年正式投产，为框架、砖混组合结构，建成时为露天厂房，后期加装了钢架结构顶棚。主厂房长120米，宽35米，高33米，位于烧结厂的北侧，安装有一、二号烧结机组，经多次维护，现仍在使用当中。

（5）配料室。1968年由02部队开工建设，1971年正式投入使用，为框架结构，长90米，宽30米，高15米，内部装有配料圆盘、皮带仓和除尘器等机器设备，主要为烧结机提供配料。

（6）二混厂房。1968年设计建设，1971年建成，为框架结构，长50米，宽40米，高24米，内部装有4台混合机。

（7）精矿库。1970年建成并投入使用，为排架结构，经过1980年和2000年的两次扩建，长300米，宽35米，高22米，内部装有5台天车，其中两台为70年代初安装。

图 3-68　烧结机（许海军/摄）

图 3-69　抽油机电机房（许海军/摄）

图 3-70　圆锥液压破碎机（许海军/摄）

图 3-71　烧结厂房（许海军/摄）

（8）抽烟机室。1970年由02部队建成，排架结构，长50米，宽20米，高18米，外层4米以上覆盖有一层瓦楞板，内部装有3台抽烟机。

（9）破碎间。1970年由02部队建成，长60米，宽45米，高30米，内部装有4台破碎机，其中1台为圆锥液压破碎机，另外3台为锤式破碎机。

3. 炼铁厂

酒钢公司炼铁厂于1958年8月筹建，1960年3月成立高炉综合工地工委，酒钢缓建时机构撤销。1964年7月成立三九公司生产办公室炼铁科，1969年7月成立炼铁厂革委会小组，1974年6月炼铁烧结合并组建炼铁厂。1996年1月撤销一、二号高炉车间，合并成为炼铁车间。2000年8月炼铁厂撤销，成为宏兴公司生产部的生产工序。2003年5月名称确定为“宏兴炼铁工序”，2006年7月炼铁工序更名为“宏兴炼铁一工序”。

经过调查组现场勘察，在炼铁厂保存较完好的工业遗产有以下3项。

（1）主卷扬机。20世纪70年代酒钢自主生产，规格为25T，内部编号为23-YJ-051。卷扬机长8.44米，宽3.35米，高2.94米，钢丝绳长185米，有效长度为88米，最大提升高度为78米，最大负荷为19吨，提升速度为25米／秒，是给高炉提供配比矿料的设备。主卷扬机带动两个料车，每个料车的容积为6.5立方米。

（2）探尺卷扬机。1970年酒钢机械制造公司生产，型号为 Z4-112/3，转速为

图3-72 炼铁厂远景（许海军/摄）

图3-73 主卷扬机（许海军/摄）

图3-74 探尺卷扬机（许海军/摄）

1000转/分，起重重量600千克，减速机比31.5，起升速度0.584米/秒。钢丝绳最大行程10米，自重2.8吨，是用来跟踪高炉料面，探测高炉料面高度的设备。

（3）一号高炉矿槽。1970年建成，整体长65米，宽18米，高20米，内部分布有16个仓，每个仓的体积为280立方米，仓呈斗形，上口6米见方，高8米，24小时可供料12000吨，是按一定的配比进炉，给高炉储备原料和原矿的设备。

4. 焦化厂

焦化厂于1958年筹建8座65孔58Ⅱ型炼焦炉，设计年产365万吨，建设方案由鞍山黑色冶金设计院设计。1958年12月15日开工建设，1961年因酒钢缓建而停建，1964年恢复建设，1965年公司将建设规模调整为两座65孔JN43-58I型焦炉，设计年产90万吨焦炭。一号焦炉1970年9月2日建成投产，二号焦炉1973年8月25日建成投产，相继配置了推焦车（1969年由大连重工机电动力分公司生产）、熄焦车（1969年由大连重工机电动力分公司生产）、鼓风机（1960年由苏联设计制造）、焦炉组、筛焦炉、配煤辅槽等配套设施。三号焦炉1997年6月建成投产，设计年产焦炭50万吨，四号焦炉2005年3月建成投产，设计年产焦炭60万吨，形成了年产焦炭200万吨的完整生产系统。二号焦炉组已连续投入使用39年，当时是国内比较先进的炼焦设备。

焦化厂一、二号炼焦主体厂房基本保持建厂初期的特色，机器设备大部分已经过改造和升级。经过现场调查，在焦化厂保存较完好的工业遗产有以下6项。

（1）推焦车。1969年由大连重工机电动力分公司生产，1970年购进安装，1971年投入使用，型号KB-5，自重120吨，是用来完成取门、推焦、上门、平煤作业的设备。推焦车长24.37米，宽9.4米，高8.4米，设计使用年限30年，经过精心维护和保养，历经39年，现仍在使用当中。

（2）熄焦车。1969年由大连重工机电动力分公司生产，型号为1A121-MS改型，自重30吨。熄焦车轮周牵引力为27979牛，长9.13米，宽2.12米，高5.2米，设计使用年限15年，经过精心维护和保养，历经40年，现仍在使用当中。

（3）鼓风机。一号鼓风机房正在使用的鼓风机有4台，均是1960年由苏联设

1. 图 3-75　推焦车（许海军 / 摄）
2. 图 3-76　熄焦车（许海军 / 摄）
3. 图 3-77　鼓风机（许海军 / 摄）
4. 图 3-78　二号焦炉组（许海军 / 摄）
5. 图 3-79　二号焦炉组荣誉牌（许海军 / 摄）

计制造，直径为2.5米，长7米，外形成哑铃状，型号 AA3-1610-4，最大处理量为7.2万立方米 / 小时。其中，一号鼓风机保存完好，基本为出厂时的样子。另外3台鼓风机只保留原外壳，内部全部更换为三元流转子，最大处理量增加到9万立方米 / 小时。

（4）二号焦炉组。1970年由02部队建成，型号为65孔 JN58-1，已连续投入使用39年，是当时国内比较领先的生产设备。焦炉是把配比好的煤炭经过高温加热炼成焦炭的机器设备，每炉可生产焦炭13吨。焦炉长70米，宽15米，高9.5米，其中上部炭化室长65米，宽12米，高4.3米。

（5）筛焦炉。1970年由02部队建成并投入使用，长24米，宽18米，高30米，用来把烧好的焦炭大小分级，供给炼铁或炼钢使用。

（6）配煤辅槽。由7个直径10米，高30米的水泥圆柱体并排连接在一起组成，用来给煤塔提供配比好的煤料。配煤辅槽仍保持20世纪70年代的建筑风格。

5. 动力厂

1958年7月，酒钢动力部成立。1961年4月，酒钢动力部撤销，成为酒钢检修处下属水电厂。1967年，撤销水电厂，成立酒钢动力厂。1986年，增设计量能源科、动力车间。2001年6月，供气厂、动力厂合并为新动力厂。2002年5月，宏丰实业公司水电、煤气、供热业务及资料移交动力厂。2003年4月，一高线水系统移交动力厂给排水部。2004年2月，原尾矿作业区划入动力厂。2006年3月，热电厂电动鼓风机站整体移交动力厂。

经过现场勘察，在酒钢动力厂保存较完好的工业遗产有以下5项。

（1）炼铁一泵站厂房。建于1970年，长52米，宽31米，高11米，为纵6跨，横7跨的砖混式厂房。厂房后门写着具有时代特色的对联。上联：伟大的中国共产党万岁，下联：伟大的领袖毛主席万岁。横批：社会主义好。厂房南面墙壁上还保留当时的语录："大海航行靠舵手，干革命靠毛泽东思想"，时代特征明显。厂房总体保持建厂时期建筑风格，使用性能良好。

（2）联络门阀门。1970年建厂时安装，按编号排列，共有7组。阀门输出扭矩为12 N·m，机功率为50千瓦，输出转速为30转/分。101—103号阀门的直径为1米。104—107号阀门的直径为0.8米，自重为16千克。阀门一直使用到现在没有更换，工作效率良好。阀门配套的电机是1970年4月由大连电机厂生产的三相异步电动机，型号为JO2-41-6，功率为960转/分，电压为380伏特，电流为7.06安培，电阻为50赫兹，自重63千克，产品编号为40061。三相异步电动机整体性能保持良好，至今没有更换。

（3）辐射式沉淀池。20世纪70年代建成，为直径30米的圆形池体。池中安

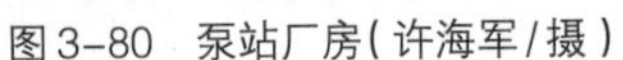

图3-80 泵站厂房（许海军/摄）

图3-81 联络门阀门（许海军/摄）

装有沉淀池建设时期一同建设的配套设备，编号为53-DJ-298，型号为 KF-24的浓缩机一台。

（4）二泵站厂房。1970年建成投产，长23米，宽15米，高9米，为砖混结构。厂房外面南壁上还保留“为人民服务”的字样，时代特征明显。

（5）量水池。1970年建成投产，由两个单体池构成，池总长120米，宽96米，深2.3米，量水量为10000立方米。池中安装有8排共64个的旋转式喷头，是为一号泵供水，用于高炉降温的设施。

6. 运输部

酒钢运输部成立于1958年10月，1961年4月酒钢缓建，除20人留守外，其余人全部调走。1965年6月成立酒钢运输科。1966年6月成立运输处。1977年5月撤销运输处成立运输部。2004年6月，撤销运输部，与物资储运公司合并成立物流公司。2005年12月，撤销物流公司，成立储运公司。2009年4月，储运公司又分为储运部和运输部两个部门。

经过调查组现场勘察，在酒钢运输部保存较完好的工业遗产有以下8项。

（1）顶针车床。安装在运输部车工房，1967年由德国制造，型号为 EA16-0052，自重17.3吨，生产规格为1600毫米 ×2000毫米，电压为380伏特，动力配置为31.5千瓦，电流为62~100安培。车床长6.5米，宽2米，高2.2米，是制作蒸汽机车滚轴和镟轮的专用设备。

（2）蒸汽机车。酒钢运输部拥有各种型号的蒸汽机车14辆，其中前进型蒸汽机车1辆，为1984年大同机车厂生产，车体长29米，宽3.2米，高5.5米，编号为7027。前进机车车头顶部还保存有红旗和红星的标志，时代特征明显。

建设型蒸汽机车6辆，为1988年大同机车厂生产，车体长23米，宽3.2米，高5.5米，编号分别为：7028、8184、8191、8220、8349、8351。

上游型蒸汽机车7辆，为1987年唐山机车车辆厂生产，车体长21米，宽3.2米，高5米，编号分别为：1233、1274、1334、1335、1523、1624、1625。

在14辆蒸汽机车中，有9辆保存在酒钢北库，现已很少使用，另有5辆停放在厂区内，还在使用中。

（3）60吨型蒸汽铁路起重机。1969年由齐齐哈尔车辆厂生产，长9.5米，宽4.3米，高4.7米，自重103.5吨，功率为90马力，是早期铁路建设中的重型起

图3-82　顶针车床（许海军/摄）

图3-83　前进型蒸汽机车（许海军/摄）

图3-84　上游型蒸汽机车（许海军/摄）

图3-85　蒸汽铁路起重机（许海军/摄）

重机。起重机吊钩提升速度：大钩为4.04米/分，起重60吨；小钩1.83米/分，起重15吨。自力行走9.8千米/时，锅炉蒸发量470千克/时，贮水5立方米，煤4吨。

（4）动轮车床。1987年12月由齐齐哈尔第一车床厂生产，型号为C8018A，最大加工直径为1800毫米，出厂编号为1987-06。车床长9米，宽3米，高2.5米，是镟制蒸汽机动轮的专用车床。

（5）月牙板磨床。1962年10月由无锡机床厂生产，型号为无锡机床-003，磨削半径为1150~1920毫米，编号为001。磨床长2.5米，宽3米，高3.2米，是制作蒸汽机车月牙板的专用车床。

（6）动轮曲拐销车床。1977年12月由齐齐哈尔第一机床厂生产，型号为C824A，最大车销直径为235毫米，编号为77-07。车床长6米，宽3米，高1.9米，是制作动轮拐销的专用车床。

（7）摇连杆镗孔机床。1970年由湖北第三机床厂生产，型号为HB3-001，最大镗孔直径为286毫米，编号为83503。机床长3米，宽1.5米，高2.5米，是连杆制作孔洞的专用镗床。

（8）普通车床。1975年由匈牙利生产，编号为1090189，型号为EE-630-02，动力配置为16.2千瓦，电压为380伏特，电流为33安培。车床长4.5米，宽1.2米，高1.65米，性能保持良好，到现在还作为主力车床一直使用。

图3-86　月牙板磨床（许海军/摄）

图3-87　普通车床（许海军/摄）

7. 机修厂

酒钢公司机修厂组建于1966年。1967年6月成立三九公司机修厂，1969年11月撤销。1988年4月撤销机修厂、电修厂、设备备件处，合并成立设备备件公司。1992年7月撤销设备备件公司，分设机修厂、电修厂、设备处。1996年11月撤销机修厂，成立冶金设备制造公司。1998年7月撤销冶金设备制造公司，成立机械制造有限责任公司。1999年2月撤销机械制造有限责任公司，成立机械制造分公司。2002年撤销机制分公司，成立宏昌机械制造有限责任公司。2001年12月撤销宏昌公司，成立机械制造分公司。2009年初酒钢机修厂又改名为“西部重工”。

机修厂重型厂房安装有刨床、插床、拉床、镗床、摇臂钻床、铣床、普通车床、滚齿机等各种机械设备近百台，各类车床设备齐全，是甘肃河西地区最大的重型机械制造厂房。机修厂保存的工业遗产较多，尤其是建厂初期购进的机器设备，在职工的精心维护和保养下，机器状况都保持良好，一直使用至今，能加工规格、尺寸都很大的配件和设备，在机器设备工业遗产中具有代表性。经过现场调查，在机修厂保存较好的工业遗产有以下厂房和机器设备共25项。

（1）清理厂房。建于1969年，砖混结构，长108米，宽18米，高15米，面积1944平方米。厂房内部安装有3台天车，其中一台可起吊15吨，另两台可起吊5吨。厂房主要用于铸造件的打磨和清理，还保持建厂初期的建筑风格。

（2）重型厂房。建于1969年，砖混组合结构，由 A、B、C、D、E 五个加工

图 3-88 清理厂房（许海军/摄）

图 3-89 重型厂房（许海军/摄）

作业区联合组成，长168米，宽96米，高15米，总面积16128平方米。厂房内部安装有车床、刨床、插床、拉床、镗床、滚齿机、摇臂钻床和各式铣床等各种机械设备，主要为酒钢公司各厂矿加工各类机械设备备件。重型厂房占地面积大，各类加工制造设备齐全，是河西地区最大的重型机械制造厂房。重型厂房的建筑风格还保持建厂初期的特色，厂房外墙上还依稀可见“中国人民有志气”的大型标语，见证了当年热火朝天、大搞建设的场面。

（3）煅烧车间。建于1969年，砖混结构，长102米，宽30米，高12米，面积3060平方米。车间内安装有3台锻造车床和3台蒸汽—空气锤，是用来锻压各种设备备件毛坯的生产车间。厂房的建筑风格还保持建厂初期的特色，北面墙壁上还保留当年写标语的牌子。

（4）铸造厂房。建于1969年，砖混结构，长84米，宽18米，高12米，面积1512平方米。厂房内部安装有铸造机两组，是铸造各种机械设备备件的重要车间之一。厂房外墙上还留有标语的痕迹，见证着酒钢的建设和发展。

（5）立式车床。由中国武汉重型车床厂于1967年12月制造，型号为 G534J1，最大车削直径为3400毫米，高度2000毫米，编号为67005。车床整体长9米，宽3米，高5米，是用于加工各种机械设备备件的机床。

（6）卧式车床。齐齐哈尔第一机床厂于1970年1月制造，型号为 C61160，最大工件回转直径为1600毫米，最大工件长度为8000毫米，编号为7002。车床整体长13.5米，宽2.3米，高2.1米，是用于加工各种机械设备备件的机床。

（7）龙门刨床。济南第二机床厂于1973年9月制造，型号为 B20200，最大刨削宽度为2000毫米，最大刨削长度为6000毫米，编号为623843。刨床整体长12米，宽2.1米，高3.8米，是用于加工各种机械设备备件的机床。

（8）单臂刨床。济南第二机床厂于1968年8月制造，型号为 B1016A，最大刨削宽度为1000毫米，最大刨削长度为6000毫米，编号为61240。刨床长12米，宽2.1米，高3.8米，是用来加工各种机械设备备件的机床。

（9）插床。济南第二机床厂于1968年4月制造，型号为 B5125，最大插削长

图 3-90　煅烧车间（许海军 / 摄）

图 3-91　铸造厂房（许海军 / 摄）

图 3-92　立式车床（许海军 / 摄）

图 3-93　卧式车床（许海军 / 摄）

图 3-94　龙门刨床（许海军 / 摄）

图 3-95　单臂刨床（许海军 / 摄）

图3-96 插床(许海军/摄)

图3-97 移动卧式镗床(许海军/摄)

度为1250毫米，编号为102331。插床长5米，宽2.8米，高5米，是用于加工各种机械设备备件的机床。

（10）移动卧式镗床。中捷人民友谊厂于1969年5月制造，型号为T611H，主轴直径为110毫米，立柱横向形成1600毫米，编号为69007。镗床长4米，宽2米，高4.5米，是用来加工各种机械设备备件的机床。

（11）摇臂钻床。中捷人民友谊厂于1976年12月制造，型号为Z3080，最大钻孔直径为80毫米，最大跨距为2500毫米，编号为76358。钻床长3米，宽1.5米，高2.5米，是用于加工各种机械设备备件的机床。

（12）滚齿机。上海第一机床厂于1976年12月制造，型号为YQ31315，最大工件直径为3150毫米，最大模数为25毫米，编号为050。滚齿床长7.7米，宽2.7米，高3.4米，是用于加工各种机械齿轮备件的机床。

（13）卧式镗床。武汉重型机床厂于1967年8月制造，型号为 T612，主轴直径为125毫米，编号为67014。镗床长4.5米，宽5.5米，高4米，用于加工各种机械设备备件。

（14）龙门铣床。南京机床厂于1973年3月制造，型号为 XN2010，工作台宽1000毫米，长3000毫米，编号为7504。铣床长8米，宽3米，高3.5米，是用于加工各种机械设备备件的。

（15）万能升降台铣床。北京第一机床厂于1967年8月制造，型号为 X62W，工作台面宽320毫米，长1250毫米，编号为670123。铣床长2.8米，宽2米，高1.75米，是用于加工各种机械设备备件的机床。

（16）普通车床。沈阳第一机床厂于1966年12月制造，型号为 C620，最大工件回转直径为400毫米，编号为663069。车床长4米，宽1.2米，高1.5米，是用于加工各种机械设备备件的机床。

（17）牛头刨床。1967年2月制造，型号为 B690，最大刨削长度为900毫米，编号为003。刨床长4.8米，宽2.2米，高1.8米，是用于加工各种机械设备备件的机床。刨床上还留有“抓革命，促生产”的标语。

（18）卧式拉床。长沙机床厂于1972年7月制造，型号为 L6120，额定拉力为20吨，最大行程160毫米，编号为106。拉床长7米，宽1.5米，高1.5米，是给轴承拉键槽的专用设备。

图3–98　万能升降台铣床（许海军/摄）

图3–99　牛头刨床（许海军/摄）

（19）外圆磨床。上海机床厂于1968年9月制造，型号为MQ1350A×3000，工作台最大磨削直径为500毫米，最大磨削长度为3000毫米，编号为17。磨床长8米，宽2.5米，高1.7米，是用于加工各种机械设备备件的。

（20）箱式电阻炉。西安变压器电炉厂于1974年3月制造，型号为RJX-75-9，额定功率为75千瓦，最大技术生产力350千克/时，最高工作温度为950℃，工作时尺寸为1800毫米×900毫米×600毫米，设备自重7140千克，编号为X4-25-19。电阻炉长4米，宽2米，高2米，是用来给工件淬火的专用设备。

（21）63吨开式双柱可倾压力机。江苏省地方国营徐州锻压机床厂于1968年11月制造，型号为JC23-63，主参数滑块公称压力63吨，编号为68131。压力机长2米，宽1米，高2.5米，是用于给备件压孔的专用设备。

（22）单柱固定台压力机。1965年7月制造，型号为J11-100，滑块公称压力为100吨，编号为65083。压力机长2米，宽1米，高3米，是用于给备件压制形状的专用设备。

（23）小炼钢炉。1976年酒钢机修厂组建轧钢车间的主要生产设备，经过多次技术改进，一直延续使用至今。钢炉直径4米，高4.5米，其中地下齿轮旋转部分高2米，炉膛高2.5米，是轧制钢质设备备件前炼制钢水的主要设备。

（24）两吨蒸汽—空气锤。沈阳重型机器厂于1964年9月制造，重105吨，整体长3米，宽2米，高5米，是用于锻造机器设备备件的重要机器。

图3-100 单柱固定台压力机（许海军/摄）

图3-101 两吨蒸汽—空气锤（许海军/摄）

（25）双梁桥式起重机。大连运输机械厂制造，型号为QD-50/ST-28.5-A6，工作级别为A6，额定起重重量为50吨，跨度为28.5米，位于铆焊旧厂房西57号，是使用较早的重型起重机。

8. 热电厂

1967年5月，冶金部从黑龙江富拉尔基热电厂、哈尔滨热电厂抽调200人，到嘉峪关筹建三九公司自备电厂。1970年8月，一号锅炉点火，三号汽轮发电机组并网发电，三九公司热电厂投产，职工990人。1973年，撤销三九公司热电厂，成立酒泉钢铁公司热电厂。2006年5月，宏晟热电公司收购热电厂，酒钢热电厂撤销，更名为“宏晟一热”。

经过现场勘察，在酒钢热电厂保存较完好的工业遗产有以下4项。

（1）汽轮机机房。热电厂主厂房，建于1969年，为砖混结构的双层建筑，一层高8米，二层最高为20米，长218米，宽30米。在汽轮机机房内安装有蒸汽汽轮发电机6组，用于发电。汽轮鼓风机3台，用于给炼铁输送热风。

图3-102 热电厂远景（许海军/摄）

图3-103　汽轮机机房（许海军/摄）

图3-104　汽轮鼓风机（许海军/摄）

（2）汽轮鼓风机。1958年苏联列宁涅瓦机械制造厂生产，为单缸冲动式汽轮鼓风机。风机长15米，宽4米，高2米，型号为AKB-18-1，额定功率为13兆瓦，最大功率为17.3兆瓦，额定温度为435℃，冷却水量4900吨/小时，额定蒸汽耗量60吨/时，临界转速1800转/分，是给炼铁输送热风的设备。

（3）锅炉房。建于1969年，属于砖混结构，与汽轮机机房相连接，长200米，宽37米，高38米，是给蒸汽汽轮发电机提供蒸汽的厂房。锅炉房装有6台锅炉，其中1号、2号、3号锅炉型号相同，为20世纪70年代初安装，另外3台为20世纪90年代初期安装。

（4）一号锅炉。1967年3月由哈尔滨锅炉厂生产，型号为HG1230/100-1，蒸发量为230吨/时，工作压力为100千克/平方厘米，蒸汽温度为510℃，给水温度为210℃，编号为858。锅炉长21米，宽15米，高28米，是用来给蒸汽汽轮发电机提供蒸汽动力的设备。

9. 炼钢厂

酒钢公司炼钢厂于1958年年底筹备组建。1961年年初，因酒钢缓建，筹备工作中断。1964年7月，酒钢恢复建设后，炼钢筹备组工作重新展开，重新成立炼钢厂。1982年4月，与小轧钢合并成立炼轧钢厂。1984年5月，酒钢撤销炼轧钢厂，成立炼钢厂和轧钢厂。2000年8月，炼钢厂建制撤销，生产系统并入宏兴公司生产部。2006年7月，改炼钢工序为炼钢一工序。

经过现场勘察，在炼钢厂保存较完好的工业遗产有以下4项。

（1）炼钢一工序主厂房。建于1983年，占地面积907万平方米。厂房长552米，宽159米，最大高度为45米，最大跨度为33米。厂房主要结构为钢筋混凝柱，钢结构架，大型预制面板房顶，大型墙外设彩板，是我国西北地区较大的重型钢筋混凝土工业厂房。厂房内从东到西可分为除尘跨、炉子跨、加料跨、钢水接受跨、连铸跨、出坯精整跨和钢坯库跨等七大跨。厂房内布置有50吨氧气顶底复吹转炉3座，600吨混铁炉2座，钢水精炼炉3座，各类大中小型吊车28台，其中最大起重吨位180吨。炼钢一工序主厂房是炼钢厂的主体建筑之一。

（2）二号方坯连铸机。引进西德“德马克”公司技术，由包头钢铁设计院设计，衡阳有色金属制造厂制造，于1986年8月建成投产。机体半径7.5米，钢水包回转台承载量为每臂70吨，回转台回转半径为3.55米，中间包最大容钢水量为15.4吨，每小时可铸造两炉钢水100吨，是连续铸钢和生产钢坯的重型机器设备。

（3）一号氧气顶底复吹转炉。上海重型机器厂20世纪70年代制造，1985年建成使用，平均出钢量55吨，煤气回收每吨钢70立方米，蒸汽回收每吨钢85千克。吹砖炉炉壳直径4650毫米，炉口直径2100毫米，炉体高度6450毫米，配套两座600吨混铁炉，使用氧枪喷头168×4，使用氧气压力0.7~0.9兆帕，配套溅渣护炉系统，使用氮气压力1.6兆帕。吹转炉的一次除尘配套风机烟气处理能力为1000立方米/分，配套二次除尘能力为530000立方米/时，是炼钢的主要生产设备之一。

图3-105 一号氧气顶底复吹转炉（许海军/摄）

（4）混铁炉。共两台，均为黑龙江富拉尔基重型机器厂20世纪80年代制造，容量为600吨，容积为111立方米。炉膛容铁量为572吨，容池最大深度为3.53米，炉内铁水温度可保持在1200~1250℃之间。目前采用可以切换的转炉煤气和焦炉煤气进行烘烤。混铁炉储备铁水并混合均匀、保持恒温，是炼钢的主要组成设备之一。

10. 原料处

酒钢原料处于1970年9月组建。1972年至1985年，原料处各种管理机构陆续完善。1991年至1997年，随着公司改革的深入，原料处的内部机构进行了调整。2000年1月，撤销原料处，成立炉料公司。2001年11月，撤销酒钢炉料公司，整体划入物资储运公司。2004年6月，撤销物资储运公司，与运输部合并成立物流公司。2005年12月，撤销物流公司，成立储运公司。2009年4月，储运公司又分为储运部和运输部，原料处划归储运部管理。

经过现场勘察，在原料处保存较完好的工业遗产有以下4项。

（1）KL4A 型斗轮式堆取料机。原料处料场现有6台老式斗轮式堆取料机，分别为1970年至1976年安装使用。其中3台为 KL4型，3台为 KL4A 型。

（2）KL4A 型斗轮式堆取料机。大连重型机械厂生产，设备使用年限为50年，自重350吨，长60米，宽10米，高22米。额定堆料能力为堆煤1000吨 / 时，堆矿2000吨 / 时；取料能力为取煤600~800吨 / 时，取矿1200吨 / 时；是给选矿厂和焦化厂存料和取料的大型机械设备。

（3）翻车机厂房。1970年建成并投入使用，为砖混结构。厂房长30米，宽30米，高21米，内部安装有两台大连工矿车辆厂生产的 M2型转子翻车机，是翻卸铁路

图3-106　原料厂（许海军 / 摄）

图3-107　斗轮式堆取料机（许海军 / 摄）

运输原料的重要车间。

（4）M2型转子翻车机。在翻车机房保留有两台M2型转子翻车机，均为1970年由大连工矿车辆厂制造，设备自重148.64吨，长17米，宽10米，高9米。机器使用动力介质为电力，生产能力为每小时翻卸12~18车皮，是用来翻卸铁路敞车车载粉状、块状散装物料的一种大型卸车设备。

四、酒钢生产配套部门遗产

工业生产是一项系统工程，有主要生产部门，还有辅助生产部门。为了配合主要部门的工业生产，必须从能源供应到交通运输等行业进行完整配套。酒钢在建设初期，在探明矿产资源储量之后，就进行了交通运输和水资源利用的完整规划，配套建成了如桥西一号桥、大草滩水库、英雄渠渠首等一批生产辅助部门，以确保酒钢工业生产顺利开展。这些配套工业生产的部门为我们留下了富有特色的工业遗产。

1. 桥西一号桥

桥西一号桥位于嘉峪关市桥西火车站西南1千米处的讨赖河上，东距嘉峪关市中心16.1千米，是嘉峪关—镜铁山铁路线上距离市区最近的铁路专用桥，1960年8月，由兰州铁路局六队承建。桥体分布面积1098平方米，总长183米，宽6米，高60米，由南侧钢架结构和北侧混凝土结构两部分组成。其中，钢架结构部分长144米，宽6米，高11米，由8段长18米，宽4.5米，高11米的“人”字形钢梁南北向并排连接而成，横卧在高50米的两座主桥墩和南岸3米高的桥基上。混凝土部分长39米，宽6米，高5米，

图 3-108　桥西一号桥（许海军 / 摄）

位于河道北侧的桥墩和讨赖河北岸的桥基上。支撑桥体的两根混凝土主桥墩高50米，呈梯形立于讨赖河河道中，与两岸桥基一起支撑起桥身。桥体现状保存完好，自建成以来一直在使用。

桥西一号桥周边人迹稀少，周围大片戈壁被划为生态保护区。在讨赖河北岸铁路线东侧有两间值班室，常年有人值守。在讨赖河南岸桥基下刻有“北大河一号大桥”毛体书法字，落款为“兰局六队修建，一九六〇年八月”，具有时代特色。讨赖河南岸铁路路基东侧有3处庭院式建筑遗迹，据工作人员介绍为当初建设嘉镜铁路线时使用，现已荒芜。桥西一号桥是20世纪60年代在讨赖河上建成的一座铁路高架桥，具有一定的历史价值和技术价值。

2. 冰沟索桥

冰沟索桥位于嘉峪关市西南29.1千米的讨赖河上，是连接嘉峪关市区与冰沟水电站、镜铁山矿区的一条通道。冰沟钢架构桥建成时间较早，没有找到确切记载，现存的冰沟索桥于2003年在原来冰沟钢架构桥的基础上重新建成。

经过现场勘察，冰沟索桥桥身主体长150米，宽4米，高悬于百余米深的讨赖河峡谷之上。索桥两端的加劲梁长5米，宽1.2米，高18米，立于峡谷两岸的基座上，基座长12米，宽8米，高3.5米。两根主缆直径15厘米，分别由7根直径2厘米的细钢缆编织而成，长约300米，横穿两端的加劲梁顶部固定在桥两边30米外的锚锭上，锚锭长12米，宽8米，高6米。主缆连接59根吊索吊起桥身主体，吊索间距2.5米，是斜拉式钢索桥。冰沟索桥上只能通过宽度小于3米，高度低于3.5米，自重少于5吨的轻型车辆。

3. 英雄渠渠首

英雄渠渠首位于嘉峪关市西南13.3千米处，东距长城第一墩景区6千米的讨赖河上。1960年，为了解决酒钢生产建设的工业用水，当时的酒钢建设者在讨赖河上修筑大坝，引水至大草滩水库，然后再从水库分流到厂区。

渠首的主体由拦水闸、溢流坝、排洪口、拦冰栅、引水闸和英雄渠等6部分组成，还留存有1处早期居住址。

图 3-109　冰沟索桥（许海军 / 摄）

图 3-110　渠首远景（许海军 / 摄）

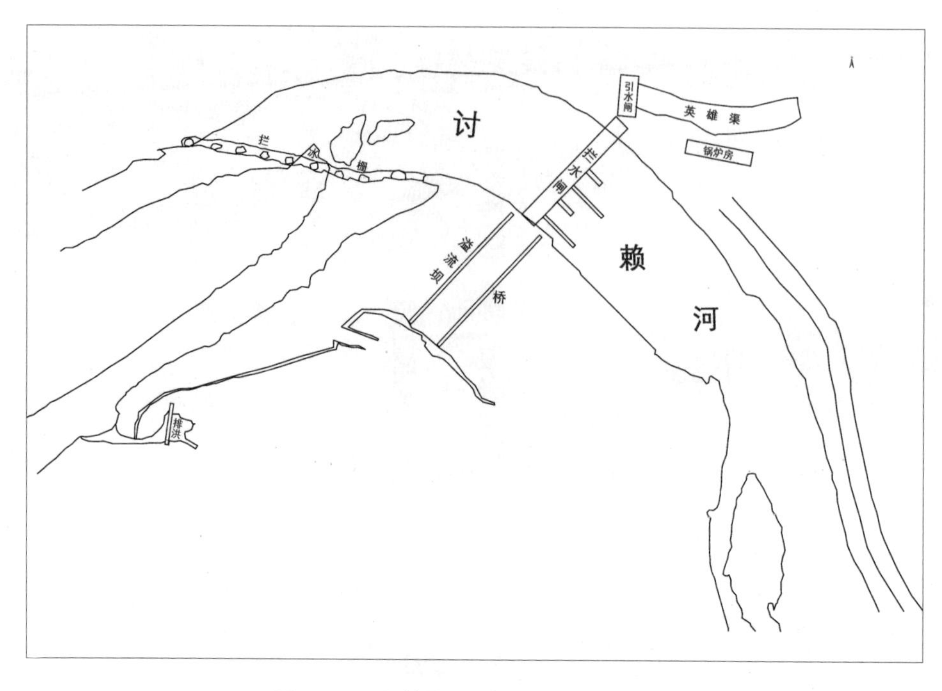

图 3–111 渠首平面示意图（牛海鹏 / 绘）

（1）拦水闸。主体长40米，宽14.5米，高8米，有5个导流孔。在拦水闸主体上建有长38米，宽5.5米，高5米的闸门控制房，装有5个电动闸门。每年11月在向大草滩水库注水时，拦水闸放下水位上升，河水导入引水闸，然后从英雄渠流入大草滩水库。拦水闸是渠首的主体建筑。在固定闸门的4根立柱东侧分别写有“人民公社万岁”“中国共产党万岁”“毛主席万岁”“大跃进万岁”和“总路线万岁”等字样，时代特征明显。

（2）溢流坝。与拦水闸相连接，位于拦水闸的南边，长44米，宽1米，有15个溢流口，每个溢流口宽3米，高3米，当讨赖河水位较高，超过拦水闸的泄流量时，多余的水从溢流坝溢出，不会对拦水闸造成损坏和威胁。

（3）拦冰栅。位于拦水闸上游约100米的讨赖河上，长120米，宽1米，高3米，是拦堵大冰块，防止冰块对拦水闸造成威胁和损坏的设施。

（4）排洪口。位于溢流坝南侧70米处的讨赖河河道上，有3个排洪口，每个排洪口高5.3米，宽4米，上有桥梁可以通过。它是防止讨赖河发特大洪水时对拦水大坝主体造成损毁的防洪设施。

（5）引水闸。其作用是把讨赖河水引入英雄渠的控水闸。引水闸与拦水闸北侧相连接，主体高12米，宽12米，有3个闸门。在引水坝主体上建有高5米，长12米，宽5.5米的控制房。在3个闸门中间的两个立柱上还分别留有“人民公社万岁”“当大跃进先锋”字样，让人还能感受到当年的人们轰轰烈烈搞建设的场面。

（6）英雄渠。长7500米，直径为3.4米，是渠首连接大草滩水库的通道。在东距引水闸48米的水渠上有1处桥梁，上面刻有“英雄渠 1960年5月”的字样。

（7）渠首建设初期居住址。在排洪口南侧25米高的讨赖河峡谷南侧的崖壁上，有人工开凿的直径1.5米、深4米的窑洞，是渠首建设初期，看水工人居住的地方。在窑洞前10余米的山路上还安装有宽1.2米、高2米的栅栏门，保存完好。居住址在高处可防止洪水冲袭，山路上安装的栅栏门可起到夜间防止野兽袭击的作用，当年人们艰苦的工作环境可见一斑。

4. 大草滩水库

大草滩水库位于嘉峪关市峪泉镇黄草营村一组西南约3千米处，东北距市区11.6千米。

大草滩水库始建于1958年，于1960年建成投入安全使用至今，一直由酒钢动力厂管理。每年的11月到第二年的1月，渠首大坝关闭拦水闸，河水经引水闸流入7500米长的英雄渠，源源不断地送入大草滩水库汇聚。大草滩

图3-112　大草滩水库（许海军/摄）

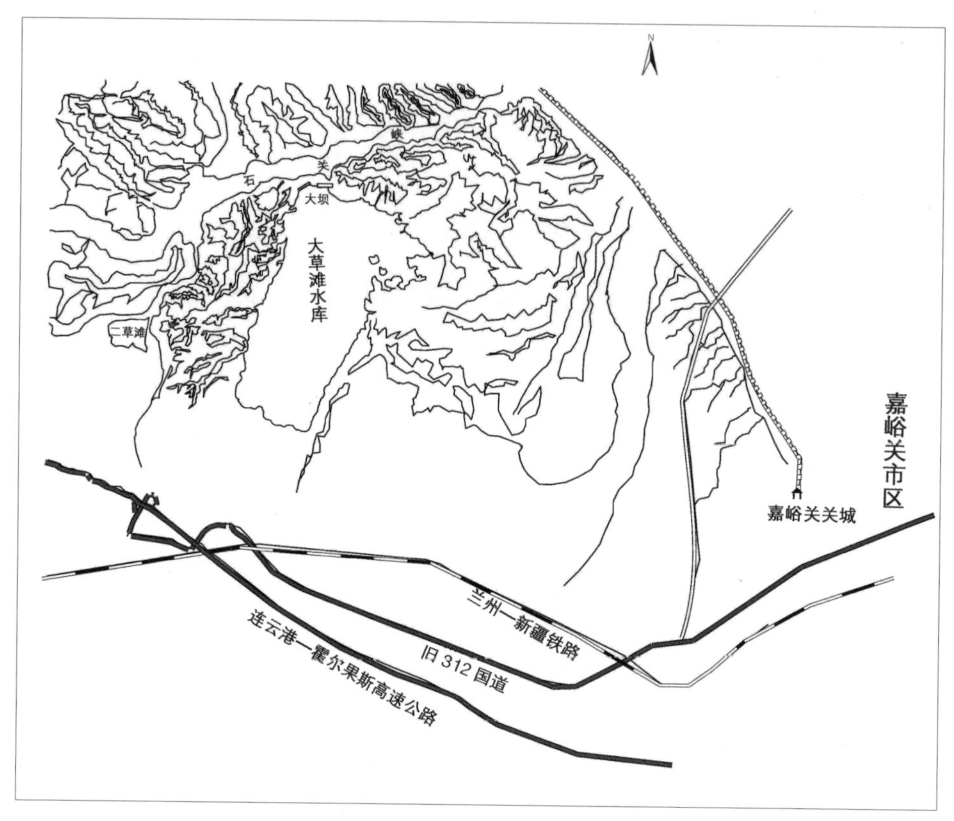

图 3-113 大草滩水库平面图（牛海鹏 / 绘）

水库库容量为6400万立方米，自建成以来，给酒钢提供了充足的工业用水，为酒钢的工业生产奠定了坚实的基础。

经过现场调查，大草滩水库的坝体设施主要有两项。

（1）水库大坝。大草滩水库分布在一块山地的低洼环形地带，东面、西面有山体围绕，南面地势较高，相对平坦，水源从此而来，北面建有水库坝体，将水聚集起来。水库大坝分为东西两段。东段长约160米，顶宽6米，底宽126米，内侧高14米，外侧高28.2米，在坝体两侧等距离对称设有12个观测点，时刻监测着坝体状况。东段坝体是水库的拦水主体大坝，为大草滩水库的正常安全蓄水发挥重要的作用。西段坝体长约220米，略呈弧形，水位较低，坝体下面为农田。

（2）调水闸门。在水库大坝东西两段中间位置的内侧，从大坝底部建有一座高15米、东西长12米、南北宽11米的调水闸门平台，平台顶部距大坝顶端20米，通过两段长15米、宽2米的折尺形高架路与大坝顶端相连接。平台上建有调水闸门机房，机房平面呈正方形，边长10米，高4米。通过调水闸的开合，解决了水库下游的黄草营村的农业灌溉用水和防洪蓄水问题。

五、酒钢生活保障区遗产

酒钢在艰苦创业之初，为了解决工人的吃饭问题，在厂区西北38千米外的玉门花海乡东部开辟农场，进行生产自救。后来，为了保障工人们的日常生活和休闲娱乐活动，在厂区周边建立生活区和文化活动区。这些保留下来的与工业活动相关的遗产，见证了当年创业的艰苦复杂和曲折，具有一定的历史价值和文化价值，是工业遗产不可或缺的部分。

1. 花海农场

酒钢花海农场东南距嘉峪关市中心38千米，南距玉门市61千米，位于玉门市花海乡东部。农场四周为戈壁荒漠，农场是戈壁滩里开垦出的一片绿洲。目前，

图3-114 花海农场入口（许海军/摄）

农场共拥有耕地8500亩，有葡萄园2500亩，营造防护林17.2万株，机井36眼，干砌卵石、水泥块衬渠114千米，兴建砖木结构房屋433间，土木结构房屋422间，共计20572平方米。农场设有卫生所、农机修配厂，为当地居民的生活和生产活动创造了一定的条件。

酒钢花海农场于1958年开始建设，1966年在花海疙瘩井开荒办农场。1972年12月酒钢农副处与福利处合并，成立酒钢行政管理处，花海农场归行政管理处管理。1983年酒钢在花海办农场的人员陆续撤离。1988年3月，花海农场归属酒钢生活服务公司管理。1990年酒钢农副处成立，花海农场归其管理。1992年酒钢生活服务公司和农副处撤销，成立酒钢福利处。1996年11月，花海农场归酒钢园林公司管理。1999年2月，花海农场又划归酒钢服务总公司。2000年4月花海农场从酒钢划出，成立花海农牧业发展公司至今，是酒钢的国有民营全资子公司。

经过实地调查，花海农场现存较好的工业遗产有5处。

（1）炼铁厂农场泵房。20世纪60年代初期，由于自然灾害影响，酒钢被迫停产，进行生产自救。为此，酒钢各厂在花海大量开垦农场，进行农业生产。泵房就是当时炼铁厂在花海所建，为其开垦的农田进行灌溉。泵房为砖木结构，“人”字形梁顶，长11米，宽6米，高7米，坐北向南，共有4间，中间两间顶部加高，比两侧房屋高出3米，使泵房整体呈“品”字形。南墙正中开门，门两侧各开两窗，门上部有标语牌，上书“农业学大寨”，标语牌上方一颗红五星，时代特征明显。

图3-115　炼铁厂农场泵房（许海军/摄）

图3-116　“五七”干校旧址（许海军/摄）

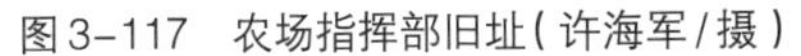
图3-117 农场指挥部旧址（许海军/摄）

图3-118 修理厂旧址（许海军/摄）

泵房周围农田遍布，保存基本完整。在南墙和东墙上有输水管伸出，北墙东部墙体裂开，西墙与旁边农户所搭草棚相接，房体向西北略有倾斜。

（2）“五七”干校旧址。学校有校舍5排，每排8间，共40间。每排校舍长36米，宽7米，高6米，属砖木结构。后来国家实施一系列“拨乱反正”政策，“五七”干校随之废弃。

（3）农场指挥部旧址。建于20世纪60年代，是当时指挥管理花海农场内酒钢各厂部的建设和农业生产的中心。指挥部坐北向南，砖木结构，“人”字形屋顶，四合院样式，南面开门，东、西、北面各一排房屋，中间空地。每排房间长27米，宽7米，高6米，每排8间，总共24间房屋。房屋保存基本完好，现已出租给外来务工人员使用。

指挥部外墙基本都留有标语，内容有“自力更生艰苦奋斗”“自己动手丰衣足食”“农业学大寨”“沿着毛主席指引的‘五七’道路英勇前进”“必须把粮食抓紧”等口号，时代特征非常明显。

（4）修理厂旧址。建于20世纪60年代初期，是当时花海农场对场区内的农业机械设备进行维修和保养的厂房。厂房长40米，宽28米，高12米，

图3-119 炼铁厂厂部旧址（许海军/摄）

属于砖混结构，外面有夯筑的围墙环绕。厂房内承重立柱上写有“艰苦奋斗，勤俭持家；安全先行，预防为主；安全质量，质量第一”的标语，时代特征明显。

（5）炼铁厂厂部旧址。位于现在的花海农场场部西边，建于20世纪60年代初，是当年炼铁厂在农场内搞生产建设的办公场所。厂房为砖木结构，长39米，宽6米，高6米，一排十间，保存状况良好。现已废弃不用。

2. 关城南侧泵房

关城南侧泵房位于嘉峪关市区西北的峪泉镇境内，距离关城城墙100~500米不等。水泵房属于酒钢动力厂管辖。2、3、8号泵房于1960年凿井，建成2000立方米的蓄水池1座，全长7000米的供水1、2干线，每年供水量为430万立方米。1、4、5、6、7号井于1966—1972年建成，同期建成2000立方米的蓄水池1座。经过实地调查，关城南侧现有水泵房5座。

（1）1号、3号、4号泵房。1号泵房位于关城南侧泵房群的最北端，东西长7.3米，南北宽5.7米，高8米。泵房的东侧为水泵安装区，西侧为变压器安装区，泵房的外墙上留有标语，字迹依然清晰可见。泵房的外围有东西长26.5米，南北宽37米，高2米的围墙，南围墙中间开4米宽大门。在1号泵房的南侧有3、4号泵房，建筑格式和尺寸与1号泵房基本相同。1号泵房现已经废弃，3、4号泵房经过精心

图3-120 关城南侧2号泵房（许海军/摄）

的维护和保养现在还在使用。

（2）2号、5号泵房。2号泵房位于1号泵房南侧150米，东西长9米，南北宽5米，高8米。泵房西南侧为变压器安装区，其余为水泵安装区。泵房外围有东西长20米，南北宽28.3米，高2米的泵房围墙，南侧围墙中间开4米宽大门。2号泵房和5号泵房的设置和尺寸基本相同。

3. 老干部活动中心

酒钢老干部活动中心位于嘉峪关市新华北路12号，坐西向东，门前为嘉峪关市主干道——新华北路。酒钢老干部活动中心原为北京平安医院调迁至嘉峪关的院址。1966年6月，为支援酒钢建设，北京医学院附属平安医院的人员和设备整建制调迁至酒钢职工医院，并在此办公。1980年，酒钢职工医院全部搬迁至雄关西路18号以后，此处成为酒钢离退休老干部活动中心。

老干部活动中心为仿苏式建筑，南北长56米，东西总体宽25米，高10米。办公楼主体为两层，顶棚为“人”字形设计，平面像一个“E”字形状。为了增强楼体的抗震性，办公楼经过多次全面维修和加固，门窗设施已经全部更换。

办公楼保存较好，门厅尽头有一个很大的长方形门框，为当时建成时安装的，具有典型的苏式风格。从一楼到二楼的“Z”形楼梯的排列形式和扶手也是过去的样式。

图 3–121 老干部活动中心（许海军 / 摄）

图 3–122 酒钢职工宿舍楼（许海军 / 摄）

4. 职工宿舍楼

酒钢现存职工宿舍楼位于酒钢游乐园北侧。1959年酒钢开始建设职工宿舍楼，于年底建成4、5、6号宿舍楼3栋，位于现诚信广场西侧，总面积10797平方米，可容纳职工1400人。到1985年，职工宿舍楼（楼房和平房，包括两个矿山的单身宿舍）共有59栋，总面积8.92万平方米，可容纳职工1.5万人。

随着企业的发展和职工住房状况的改善，在市区仅存16、17、18、21、22号5栋宿舍楼，其余的宿舍楼已被拆除。现存各宿舍楼的建筑面积和风格一致，以酒钢职工宿舍楼16号为例，宿舍楼长78.5米，宽12.8米，高12米，共4层。第一层有宿舍32间，其余三层为34间。每层有厕所2间，水房2间。每个房间长4.6米，宽3.1米，高2.8米，在楼道中间可见后来锚固的痕迹。

职工宿舍楼年代久远，建筑式样老旧。近年，为美化城市环境，外墙均经过粉刷，面貌一新。第一层有些房间现在已经对外出租，变成小商店和商业门店。因楼房使用年限的问题，将来可能会陆续拆除。

第五节　嘉峪关市消失的城市建筑遗产

工业遗产相对传统文化遗产还是一个新生事物，作为一种新型的文化遗产，人们对它的认识还是有限。尤其在目前经济高速发展时期，随着城市产业结构和社会生活方式发生巨大变化，在诸多现实利益面前，一些工业文化遗产的价值往往被忽视，不可避免地遭到破坏。但是，城市发展从来就不是一味地破旧立新，也绝不能简单粗暴地视工业遗产为绊脚石。那些承载过使命、记录了我国工业历史的建筑和遗址，其文化价值亦不可谓不重要。嘉峪关百货大楼和五一俱乐部曾是酒钢建设初期最早建成的一批城市建筑，是为了保障酒钢职工日常生活所需和开展各类文化活动的重要场所，伴随过老一代酒钢人的成长，见证了一些重要的历史时刻，也是工业文化遗产的组成部分。虽然现在由于各种原因被拆除了，但还是应该被人们记住。

1. 嘉峪关百货大楼

图 3-123 嘉峪关百货大楼（许海军 / 摄）

图 3-124 五一俱乐部主体建筑（许海军 / 摄）

位于嘉峪关市新华北路1号，在嘉峪关市的商业中心地带。大楼建成于1961年，建筑面积5000平方米，砖混结构。大楼正中的主体呈“T”形结构，主要是营业场所，两翼为办公场所。大楼原属于嘉峪关市百货分公司，主要经营纺织、针织和日用百货的三级批发和零售，并兼营烟酒、副食、五金交电等商品的零售。20世纪90年代末，百货大楼进行了企业体制改革，大楼的经营主体发生了变动。后来，百货大楼被酒钢（集团）公司收购，由酒钢房地产公司对外租赁经营，经营范围与以前基本相同。当时对大楼的外观进行了大量的装修和改造，与建造初期相比有不少变化，但大楼的主体还保持当年的面貌。

百货大楼是酒钢初建时最早建成的一座城市商贸建筑，也是嘉峪关城市发展的实物见证，具有一定的历史价值。百货大楼地处商业繁华地段，2010年被拆除，之后在原址上新建高层住宅。

2. 五一俱乐部

位于嘉峪关市新华中路12号，在嘉峪关市的商业中心地带。建成于1959年年初，建筑面积2000平方米。五一俱乐部是在酒钢建设初期，自然环境差、资金困难的条件下，本着节约和实用的原则，建成的一座能放映电影、进行文艺演出、开展群众游艺活动和召开大型会议的综合多功能俱乐部。1976年1月13日、7月6日、9月13日至16日，全市人民相继在五一俱乐部召开了悼念周恩来总理、朱德委员长和毛泽东主席的吊唁和追悼大会。俱乐部内部有座位1250个，外厅两侧设有游艺室和阅览室，建筑面积各250平方米。阅览室每天开放7个多小时，游艺室设乒乓球、康乐球、象棋和扑克等项目。俱乐部有松花江5501型35毫米座式放映机2部，幻灯机1部。从20世纪80年代到90年代中后期，每天放映电影6场次以上，1985年10月，嘉峪关首届新中国邮票展在五一俱乐部进行。

1987年俱乐部又进行了一次顶棚防水和加固抗震维修，建筑面积扩大到2500平方米，占地面积4000平方米。1989年被省市电影公司评为最佳上座率单位。1992年被甘肃省电影院等级评审委员会评为乙级电影院。1993年12月，举办纪念毛泽东诞辰100周年文艺汇演。1998年9月，酒钢公司决定将五一俱乐部改造成为五一商场。俱乐部顶部设施和门厅的二楼仓库还能看到当年建筑风貌的痕迹。五一俱乐部处于商业繁华地段，于2012年被拆除，空地一直闲置至今。

此外，2021年，在进行全市工业遗产复查过程中发现，酒钢厂区内选矿厂的鞍山式还原炉焙烧竖炉及支架在进行磁选精矿工序改造过程中被拆除；焦化厂1号、2号焦炉也在进行工序改造过程中被拆除。

第四章　嘉峪关市工业遗产保存状况和特点

嘉峪关市工业遗产主要围绕酒钢公司的建设生产活动而产生。市属企业工业遗产主要保存在服务市民日常生产生活的相关部门，产生年代较晚，规模不大，一些厂房建筑还在使用当中，机器设备大部分为闲置资产，随着企业的改制和转型，保存状况堪忧。酒钢工业遗产保存在勘探、采矿、选矿、烧结、冶炼、热电、机修、动力、后勤保障等各个部门，具备了冶金行业工业遗产的各个类型，工业遗产丰富，类型多样，保存状况良好，由于维护保养及时，大部分还是按照生产工序正常使用，具有一定的典型性和代表性，反映了新中国工业发展初期的生产状况和生产力水平。

第一节　嘉峪关市工业遗产保存状况

一、正常使用的工业遗产

正常使用的工业遗产主要包括酒钢矿区的各类采矿机器和设备，如：小空压机（BTD2-100型空气压缩机）、大空压机（MOTOR 3型空气压缩机）、KQX-150潜孔钻、破碎机、WK-4电铲、插床、万能升降台铣床、牛头刨床、滑座式摇臂钻床等各类车床；早期的厂房建筑，如：空压机房、钳工厂房、电工厂房、电修厂房、修理库、破碎间、机器加工厂房、破运作业区及职工俱乐部等；运输工具，如：罐笼提升机、斜坡卷扬机、TORO 400E 铲运机、T4G 联合装运机，以及溜井、矿道等设施。酒钢厂区各个工厂的众多工业遗产，基本保存完好，一直在正常使用中，一些工业设备在国内还具有一定的代表性。选矿厂现有100立方米鞍山式还原炉焙烧竖炉26座，其中红矿选矿技术在国内处于领先地位，具有国际先进水平的综合自动化控制系统；烧结厂早期建成的3台130平方米烧结机，作为主要设备一直在使用中；运输部拥有国内早期生产的多种型号的各类蒸汽机车，保存完好，时代特征明显；机修厂重型厂房各类车床设备齐全，安装有刨床、插床、拉床、镗床、摇臂钻床、铣床、普通车床、滚齿机等各种机械设备近百台，是厂区加工制造各类机器设备的主力。厂区的大多数主体厂房基本保持建厂初期的特色，都在正常使用中。

二、闲置的工业遗产

工业遗产中有一部分建筑设施，由于年代久远，使用时间较长，基本不再使用，处于废弃或闲置状态。如镜铁山矿粮仓旧址，建于20世纪60年代建矿初期，地基由碎石块堆砌，墙壁由红黏土和麦草混合的泥块堆筑而成，当时是02部队储存粮食的主要场所，现在早已废弃不用。2012年，镜铁山矿粮仓被认定为嘉峪关市级文物保护单位。镜铁山矿山医院也是20世纪60年代初建成的一座两层仿苏式建筑，占地1000多平方米，有一定的规模。当时建设矿区的人员较多，交通不便，需要有这样一座医院来保障职工和家属看病就医。现在市区建有大型的综合医院酒钢医院，这里的医院也就不再使用。还有一部分工业遗产是由于产品升级换代而不再使用，如西沟矿架空索道，设计建造于1966年，当时是国内第一条自动化的架空运输索道，技术比较先进，现在有了效率更高的传输带运输方式，架空索道已经停止使用。另外，花海农场在酒钢建设初期，各工厂在这里开垦荒地而建的一些房屋，有一部分年久失修已废弃，不再使用，还有一部分房屋出租给外来务工人员使用。

三、改造利用的工业遗产

工业遗产中有一部分通过改造利用，重新发挥它的价值。如酒钢老干部活动中心，建于20世纪60年代，原为北京平安医院调迁至嘉峪关的院址。1980年，随着酒钢职工医院建成，这里全部搬迁到酒钢医院，之后改造成为酒钢离退休老干部活动中心，继续发挥它的使用价值。2012年，老干部活动中心被公布为嘉峪关市级文物保护单位。矿山一号宿舍楼建成于20世纪60年代初，是镜铁山矿最早的宿舍楼，由水泥和石块堆砌而成，建造得非常坚固。后期又在原二层的顶上加筑一层，楼内的设施也进行了更新，一直作为宿舍楼在使用中。

第二节　嘉峪关市工业遗产构成情况

一、以现代工业遗产为主体

嘉峪关市工业遗产是在1958年“一五”计划重点项目酒泉钢铁公司建设之后产生，属于现代工业遗产的范畴。1949年中华人民共和国成立后开始了中国现代工业的发展历程，大致分为三个阶段。第一阶段：社会主义工业初步发展时期，新中国对原外资企业、国民政府经营企业、民间私营企业以及手工业进行了不同程度的社会主义改造，并在苏联专家的援助下，兴建了一批大型重工业企业，初步形成了门类比较齐全的现代工业基础。大跃进时期“以钢为纲”的方针造成了严重的社会经济后果，但另一方面也留下了属于那个时代特殊的工业景观。第二阶段：20世纪60—70年代，社会主义现代工业在动荡中曲折发展。出于备战考虑在西南腹地新建重工业基地的“三线建设”运动，大大促进了西南地区的开发，形成了一批新兴的工业城市。第三阶段：社会主义工业大发展时期，中国工业持续稳定发展，工业所有制结构发生了很大变化，个体与私营工业、乡镇企业、外资企业崛起，国有工业比重下降，开创了多元化工业经济格局。随着工业化进程的深入，传统制造业在一定程度上活力降低，老工业基地产业转型过程中涉及大量工业用地重新利用。[①]

酒钢从1955年进行矿产勘探，到1958年开始建设，一直到80年代之后走上了工业现代化大发展道路，经历了社会主义初级阶段工业发展的各个历史时期，是我国社会主义工业现代化进程的一个缩影。嘉峪关市现存工业遗产中，大部分是这一时期产生的，其代表是保存了许多从瑞典、日本、德国等国进口的当时较先进的机器设备，还有20世纪60年代前后建造的仿苏式建筑，都是这一时期工业遗产的典型特征。

二、以钢铁行业工业遗产为主体

嘉峪关市工业遗产主要围绕钢铁行业产生，从矿产开采、选矿、烧结加工，到炼焦、炼铁、炼钢等工序的完成，以及热电、动力、机修等辅助单位，整个钢铁工业生产线涉及很多部门。从工业遗产所属行业来看，经过调查全市34处各类工业遗产，主要是钢铁制造、配套钢铁生产、建筑建材和生活保障等四类行业中留有工业遗产。其中钢铁制造和配套钢铁生产的企业留存的工业遗产占到全市工业遗产的52%。其他行业的工业遗产占比不多且数量较少，一些行业还与钢铁行业紧密联系。其中，水泥、铸造、五金、砖瓦等建筑建材行业占26%；制衣、针织、农场、公共服务等相关生活保障行业占22%。由此可见，嘉峪关市的工业遗产主要以钢铁工业为主，特色鲜明，行业类型也较为单一。这是源于酒钢公司是西北地区最大的钢铁工业基地，嘉峪关建市之初的主要职能就是保障酒钢的建设所需，这也是嘉峪关市作为工业城市的特点。

---

① 俞孔坚、方琬丽：《中国工业遗产初探》，《建筑学报》2006 年 8 月。

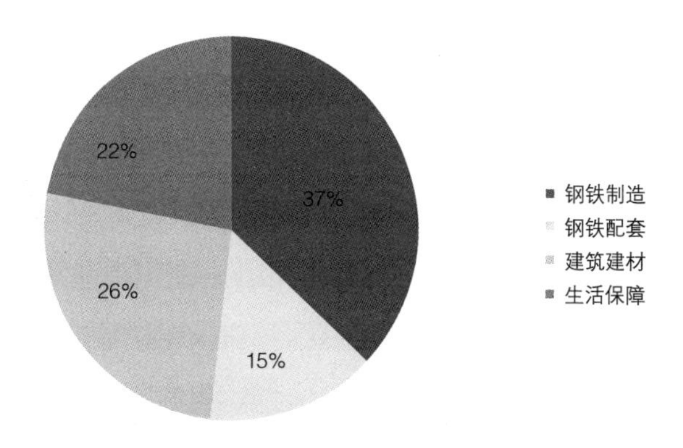

图 4-1 嘉峪关市各行业工业遗产比例

三、工业遗产行业单一而类型多样

从前面分析嘉峪关市工业遗产的构成来看，嘉峪关市钢铁制造和配套钢铁生产的企业留存的工业遗产占到全市工业遗产的52%，其他一些与钢铁生产紧密相关的行业如水泥、铸造、五金、砖瓦等建筑建材行业占26%，两者相加全市78%的工业遗产都与钢铁有关。由此可见，嘉峪关市的工业遗产主要以钢铁工业为主，特色鲜明，工业类型也较为单一。但在酒钢建设过程中，为了配套酒钢的生产建设，在铁路、桥梁、水利、农业、医疗、生活保障、职工文化等各个环节，又促生了其他与工业密切相关的文化遗产，使得嘉峪关市工业遗产形成类型多样的特点。为了矿山生产和运输铁矿石而修建铁路、公路，形成了桥西一号桥这样的铁路桥梁遗产和冰沟索桥这样的公路桥梁遗产；为了保障酒钢的工业用水，形成了大草滩水库、英雄渠渠首这样的水利方面的文化遗产；为了保障工人的日常生活、医疗保健、精神文化等方面的需要，形成了百货大楼、矿山医院、五一俱乐部、老干部活动中心等建筑类型遗产；为了克服当年恶劣的自然条件，进行生产自救，形成了花海农场这样生产设施齐全的农业类型的文化遗产等。可以说，嘉峪关市与工业密切相关的文化遗产基本涉及保障一个城市正常运转的各个方面，从而使嘉峪关市工业遗产类型呈现出多元化的特点。

根据甘肃省第三次全国文物普查期间各地工业遗产调查情况，同期上报的工业遗产中，兰州市29处工业遗产基本上都是厂矿企业旧址；白银市11处工业遗产主要是矿址和窑址；金昌市4处工业遗产为人防工事和矿址；嘉峪关市上报14处工业遗产中就有厂矿旧址、医院旧址、职工活动中心、采石场遗址、宿舍楼、索道、粮仓等各种类型[①]，这都体现了嘉峪关市工业遗产类型多样化的特点。

四、以酒钢公司为主体

嘉峪关市工业遗产总体上是以酒钢公司为主体，其他企业为补充的格局。从工业遗产所属部门来看，经过调查的全市34处工业遗产中，属于酒钢公司管理或与其相关的就有20处，市属企业有6处，集体企业有2处，还有6处为嘉峪关建厂的驻嘉企业。从调查单位数量上来说，酒钢公司所属各企业保存工业遗产占到全市各单位的58.8%。

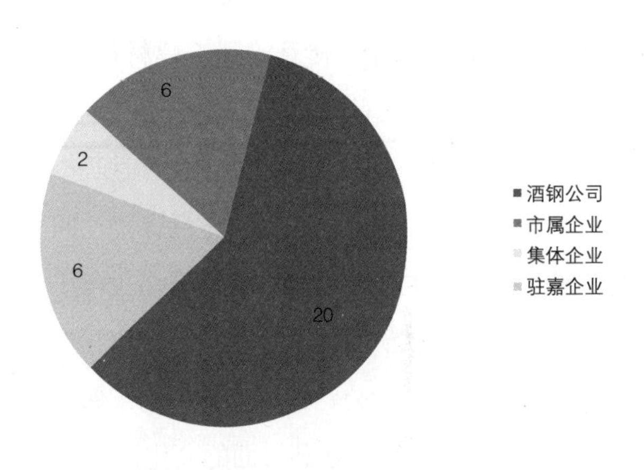

图 4-2　工业遗产所属部门

另外，从工业遗产分布区域范围来看，工业遗产主要分布在酒钢矿区（镜铁山矿、西沟矿）、酒钢厂区、市区、郊区（驻嘉企业），各区域保存工业遗产

① 参考甘肃省工业遗产名录。

的类型和数量也有一定的可比性。酒钢矿区工业遗产保存较好，尤其是建矿初期的厂房建筑和设施非常具有特色，保存了当年的时代风貌。矿区还保存了大量的进口矿山采掘设备，一直使用至今。各工厂和生产工序的资料完整，历史脉络清晰并有专门的机构（酒钢档案馆）负责各工厂资料的整理和保管。

嘉峪关市属各企业工业遗产保存相对一般，企业数量不多，规模较小。20世纪90年代以后，在历次改革重组中，许多企业的厂区和机器设备被转让或出售，有价值的工业遗产保存很少。驻嘉企业中，黑山湖砖厂的工业遗产保存较好，厂房设施还是建厂初期的风格，时代特征明显；许多机器设备虽然已经不用，但保存完好，还保留了一部分建厂初期的厂史资料，具有一定的史料价值。

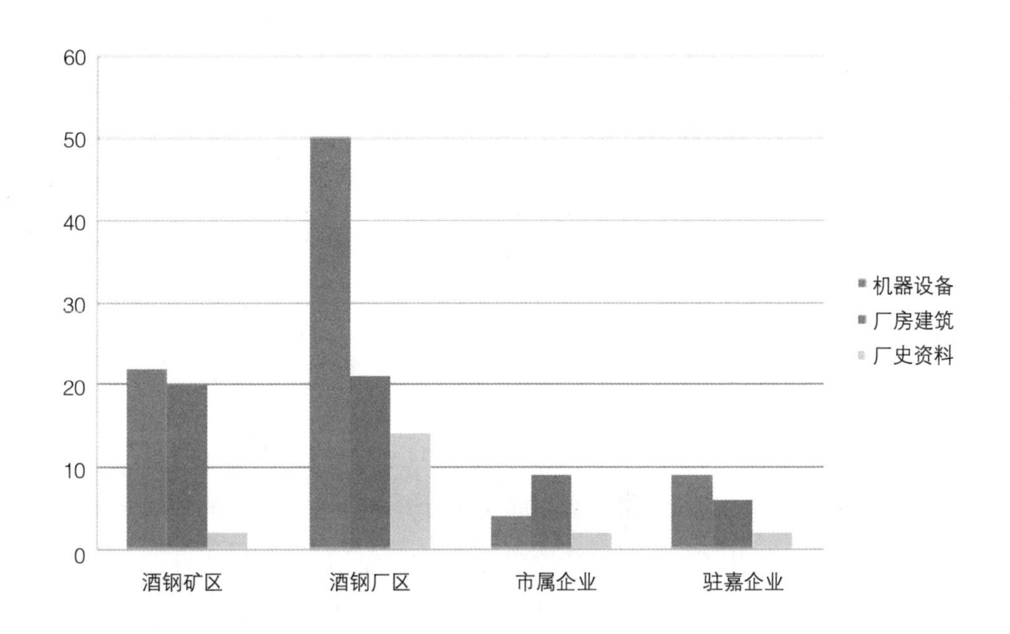

图 4-3　嘉峪关市工业遗产保存情况

备注：统计数量是按照工业遗产的各种类型进行，相同的设备设施只按一次统计。

第三节　嘉峪关市工业遗产特点

嘉峪关市作为西北地区的一座钢铁工业城市，相比其他大工业城市建市时间短，工业类型相对单一。但由于经历了我国社会主义工业建设初期的历史进程，工业生产从无到有，工业产量由少变多，工业规模由小变大，使得嘉峪关市留存的工业遗产具有了那个时代鲜明的特征。通过对嘉峪关市工业遗产构成的分析，比较甘肃省内兰州、白银、金昌等城市的工业遗产，从中可以看出，嘉峪关市特殊的地域条件与社会政治背景，造就了其工业遗产具有以下几个特点。

一、工业遗产存在历史短而分布范围广

从工业遗产的产生时间看，嘉峪关市的工业遗产主要因酒钢的建设而产生，属于现代工业遗产范畴。酒钢1958年开始建设，经历了社会主义工业初步发展阶段、工业化“大跃进”的浪潮、“三线建设”和改革开放等重要的历史时期。工业建设从全面铺开到出现过一段停滞时期，又经历曲折发展，一直到现代化工业大发展，产业格局几经调整，工业产品重新定位，最后逐步走向集团公司运营的市场化、现代化。对比兰州市的工业遗产，则可分为近代和现代两个历史阶段。近代洋务运动时期，左宗棠因西北战乱来到甘肃，他在西征的过程中开办的甘肃制造局等，促使兰州的近代工业在因战争需要而开办的军火工业的基础上发展起来，逐渐发展成为民用工业。1877年主管甘肃制造局的赖长在兰州设计出了我国历史上第一台织呢机，左宗棠立即把甘肃制造局更名为“甘肃制呢局”。为了扩大生产规模，左宗棠又从德国进口了20台毛纺机，并雇请德国技术人员到厂给中方人员传授技术。到1880年，甘肃制呢局已经形成了年产上万匹毛织品的能力。中华人民共和国成立后，兰州被国家确定为首批先建的四个重点城市之一，成为重点布点建设的老工业基地之一。“一五”计划中“优先发展重工业”政策的实行，让兰州作为重工业中心城市的基础初步奠定。苏联援建的156个项目中，有10个

是在兰州，大大促进了兰州的重工业发展。

从工业遗产分布范围看，酒钢建设在先，嘉峪关建市在后，当时的工业布局主要围绕酒钢的建设展开，工业分布在城市周边各个区域，钢铁、水泥、建材、电力、水资源等绕城而建。铁矿石资源更是远在离市区138千米公路里程的祁连山深处，石灰石矿也距离城市45千米，整体呈现出分布范围广，但数量不多的特点。相比兰州，1949年后出于建设老工业基地的需要，在“一五”期间就集中兴建了兰炼、兰化、兰石、西固热电厂、兰通、永登水泥厂等8个大型骨干企业，又从沿海地区迁来了一批企业，形成了钢铁、电力、煤炭、石油、有色金属和机械制造等工业门类。经济调整时期，又新建了兰州机车厂、504厂等33个企业。① 因此，兰州市的工业门类齐全，工业部门集中分布。当然也由此产生了一些超越经济因素产生的工业企业。如当时兰州周边缺乏有色金属矿藏，却兴建了一批有色金属公司，兰州铝厂、连城铝厂等。总体来说，兰州市的工业遗产70% 以上在1949年后建成，政治因素影响着兰州市工业发展的布局，是国家战略的需要，因此兰州市工业遗产也成为中华人民共和国成立后社会发展的缩影，具有浓厚的政治因素。② 这一点与酒钢建设钢铁工业基地的政治考量具有一定的相似性。

通过比较兰州市和嘉峪关市工业遗产产生的时间和空间分布特征可以看出，兰州经历了近代工业的洗礼，工业生产历史较长，与中国近代工业遗产产生的历史时期相差不远，具有较强的工业生产基础。中华人民共和国成立后，兰州又被确定为重点建设的工业基地，工业门类发展齐全，各类厂矿集中分布，具备工业发展的各项有利条件，实现了当年国家经济建设和政治形势的需要。嘉峪关建市在20世纪60年代，作为当年依托酒钢而建设的城市，建市历史较短，工业遗产产生较晚。同时，由于这里的工业生产从无到有，发展条件有限，为了实现工业生

① 戴海雁：《兰州市工业遗产的现状与保护情况概述》，《北京规划建设》2012 年 11 月。

② 徐秀娟、郑蓓媛：《探寻兰州市工业遗产保护与旅游可持续发展的双赢模式》，《现代经济信息》2017 年 2 月。

产目标，在城市周边充分挖掘工业发展资源，从而形成厂矿分布少而广的布局。相同的方面是，两个城市的现代工业遗产都产生于中华人民共和国社会主义工业建设初期，是国家重点发展的重工业区域，在发展现代工业阶段经历了同样的历史，从而使它们保存的现代工业遗产如厂房建筑、机器设备、设施等方面的风格和年代具有许多相似的地方。

二、工业遗产多数还在使用中

嘉峪关市工业遗产的保存现状表明，大部分工业遗产还在使用当中，还有一些工业遗产进行了改造利用。尤其是酒钢公司一些具有代表性的工业遗产，一直都在各生产工序上使用。这一特点不同于国内大多数地方的工业遗产保存状况，如东北、京津唐、长三角、珠三角等工业遗产较多的地区。这些地区大多数用于工业生产的厂房都设在了城市的中心地带，随着经济的发展以及城市向外扩张，处于核心区的废弃旧工业建筑中除一部分在城市更新的驱动下被新的开发项目所取代，还有一部分由于被发现其存在的价值而得到改造再生的机会，除此之外，大量旧工业遗产处在废弃的状态。[①] 也不同于本省兰州市工业遗产的保存情况。兰州市工业遗产大概分为四种：一种是历史上经过多次搬迁，遗址不存在，只有一些文字图片资料，如甘肃制造局；一种是保留一部分生产工具和制作工艺，小规模生产，遗址部分存在，如榆中水烟厂、青城肖家醋加工作坊；一种是在城市化发展过程中由于环境污染、产能过剩，已经破产或搬迁，有厂房、设备、档案部分遗存，如兰州轴承厂、甘肃化工机械厂；一种是国企改革战略重组，引进先进的生产管理理念和机器设备，仍然生产，旧有建筑设备部分遗存，采用新技术新设备，成为经济支柱产业，如兰州炼油化工总厂、兰州化学工业公司重组合

① 姜涛：《沈阳铁西区旧工业建筑改造再利用研究》，硕士学位论文，大连理工大学建筑与艺术学院，2010。

并为兰州石油化工公司。[①]也与白银市主要以有色金属露天矿为主的工业遗产保存情况不同。白银市露天矿闭坑禁采后，为保护和抢救现存的重要矿业遗址，展示白银的悠久历史和灿烂文化，改善矿场周边环境，发展特色旅游，促进资源枯竭矿山的经济转型，甘肃省向国家有关部门申报以已经闭坑的露天矿两个采场及目前还在开采的深部铜矿为主体的矿业遗迹景观建立“甘肃白银国家矿山公园”。建成后的矿山公园将包括矿业生产遗址、矿产地质遗迹、矿业开发史迹、矿业制品及矿业活动有关的人文景观等。[②]

嘉峪关市工业遗产保存的这一特点，决定了今后在工业遗产保护工作中，需要制定切实可行的措施，既不能影响这些工业遗产的正常使用，又要确保这些工业遗产在使用过程中可以长久保存下来，实现它最终的遗产价值。

三、工业遗产再利用具有良好基础

工业遗产再利用是实现工业遗产价值不可或缺的一个环节。国内外在这方面有许多成功的案例。德国的杜伊斯堡景观公园，原为著名的蒂森钢铁公司所在地，是一个集采煤、炼焦、炼钢于一身的大型工业基地，于1985年停产。现在被改造为一个以煤—铁工业景观为背景的大型景观公园，面积广阔，活动丰富多样。例如，废旧的贮气罐被改造成潜水俱乐部的训练池，用来堆放铁矿砂的混凝土料场也设计成青少年活动场地，墙体被改造成攀岩者乐园，一些仓库和厂房被改造成迪厅和音乐——甚至交响乐这样的高雅艺术都开始利用这些巨型的钢铁冶炼炉作为背景，进行别开生面的演出活动。投资上百万德国马克的艺术灯光工程，更使这个景观公园在夜晚充满了独特的吸引力。此外，自行车爱好者也可奔驰在广阔园区的绿色海洋里，生态爱好者则可以随处欣赏到厂区内独特的恢复性生态景

① 徐秀娟、郑蓓媛：《探寻兰州市工业遗产保护与旅游可持续发展的双赢模式》，《现代经济信息》2017年2月。

② 谓知：《“铜城”的工业遗产——白银露天矿旧址》，《中国文物报》2012年3月23日。

观。[①]国内的中山岐江公园也是将工业遗产改造成城市开放空间的经典案例之一，由粤中造船厂改建而成。粤中造船厂近半个世纪的经历不但可作为城市记忆的一个重要部分，2001年改造为工业景观公园。作为一个有近半个世纪历史的旧船厂遗址，过去留下的东西很多：从自然元素上讲，有水体、古榕树和发育良好的地带性植物群落，以及与之相适应的土壤条件；从人文元素上讲，场地上有多个不同时代的船坞、厂房、水塔、烟囱、龙门吊、铁轨、变压器及各种机器，还有水边的护岸、厂房墙壁上的“抓革命，促生产”标语。正是这些“东西”渲染了场所的氛围，经过规划人员的精心设计，建成后的中山岐江公园基本保留了以上元素，使其成为独具风格的工业文化景观公园。[②]

嘉峪关市作为长城文化与丝路文化交汇的城市，旅游资源得天独厚，在工业遗产再利用方面有着诸多优势。首先，嘉峪关市在多年的旅游发展中，已形成稳定的客源市场，旅游基础设施齐全。近年来，嘉峪关市强化发展旅游的顶层设计，完善发展旅游的体制机制，围绕转产业、造产品、调结构、配功能、兴民生的旅游发展格局，积极创建国家全域旅游示范区，基本建成全域旅游配套服务体系。而且，嘉峪关市目前已成功创建全国文明城市，进一步提升了城市的文明水平和竞争实力。其次，嘉峪关市有许多传统优势旅游资源。已建成了世界文化遗产——嘉峪关关城为代表的国家5A 级旅游景区和黑山岩画、魏晋墓地下画廊、悬壁长城、万里长城第一墩等景区和景点，还有世界三大滑翔基地之一的嘉峪关国际滑翔基地、草湖国家湿地公园、亚洲距城市最近的“七一冰川”和亚洲最大的单体葡萄酒窖所在地紫轩酒庄等众多人文和自然景观景点。依托这些传统的旅游资源，打造工业遗产景观，开展工业文化旅游，是进行工业遗产再利用的一个有效途径。最后，最主要的是嘉峪关市的工业遗产周边具有旅游开发得天独厚的条件。如大

---

① 刘抚英、邹涛、栗德祥：《后工业景观公园的典范——德国鲁尔区北杜伊斯堡景观公园考察研究》，《华中建筑》2007 年 11 月。

② 张晶：《工业遗产保护性旅游开发研究》，硕士学位论文，上海师范大学旅游学院，2007 年。

草滩水库周边有一部分丹霞地貌景观、镜铁山矿山与“七一冰川”紧邻，酒钢厂区的工业文化景观距离市区近便于参观等，这些有利条件使得工业文化遗产再利用显得非常便利，也使得嘉峪关市的工业遗产具备了旅游开发的价值和核心要素，完全可以按旅游景区的模式进行打造和规划建设。

第四节 嘉峪关市工业遗产保护存在的问题

目前，如何做好工业遗产保护是全国各地都面临的一个重要课题。工业遗产保护存在诸多问题，包括：重视不够，工业遗产列入各级文物保护单位的比例较低；家底不清，对工业遗产的数量、分布和保存状况心中无数；界定不明，对工业遗产缺乏深入系统的研究，保护理念和经验严重匮乏；认识不足，认为近代工业污染严重、技术落后，应退出历史舞台等。由此，工业遗产首当其冲成为城市建设的牺牲品。①

在我国，随着城市化步伐的逐步加快，对工业遗产拆除与保护、遗弃与利用之间存在着激烈的碰撞。尽管近年来一部分工业遗产开始被列入保护之列，但是受法律保护的工业遗产项目仅占应纳入保护内容中的很小一部分，只有少数城市启动了工业遗产的普查认定和保护规划制定，而大部分城市，特别是一些传统工业城市，尚未将工业遗产保护纳入文化遗产保护范畴，缺乏对工业遗产的总体评价。

嘉峪关市工业遗产保护也存在以上这些问题。第三次全国文物普查开始后，文物部门开始关注工业遗产的保护问题。普查过程基本按照文物普查的方式进行，参加普查的人员主要以文物系统人员为主，各工业遗产所在单位虽然安排了一些人员配合普查工作，但并没有充分发挥他们的专业职能，而这些职能在工业遗产认定和价值确认方面是不可或缺的。综合来看，嘉峪关市工业遗产保护面临的问题主要表

---

① 何茜：《工业遗产保护存在诸多问题》，《四川日报》2006 年 4 月 26 日。

现在三个方面。一是没有建立起一套完整的工业遗产价值认定标准。第三次文物普查对工业遗产认识有限，工业遗产价值的认定缺乏足够的依据，没有建立起一套完整有效的认定标准作为判断工业遗产价值大小的参考。二是缺乏工业遗产保护意识。工业遗产所在单位都存在对工业遗产属性界定不清、认识模糊的问题，没有认识到工业遗产所蕴含的历史价值、文化价值和技术价值。对工业遗产保护意识不强，没有对工业遗产实施专门的保护措施，也没有建立工业遗产保护工作体系，对一些不再使用的工业遗产存在随意处置的情况。三是管理部门之间缺乏有效沟通。工业遗产保护工作需要发挥工业遗产所在单位的积极性，按照“谁使用、谁负责、谁保护、谁受益”的管理原则，文物管理部门和工业管理部门要指导各工业遗产所在单位做好工业遗产保护和管理工作。目前，嘉峪关市对工业遗产认定范围较小，除了个别被公布为市级文物保护单位的工业遗产外，文物主管部门还没有与工业遗产所有人或使用人签订相关保护协议，没有对工业遗产的保护义务和享受补助等事项作出约定。文物管理部门、工业管理部门和工业遗产所在单位缺乏有效沟通，没有建立起一套有效的管理机制。在今后的工作中，需要加强对保护利用工业遗产重要意义的宣传，营造良好的工业遗产保护氛围，提高公众对工业遗产价值的认知，逐渐增强全社会保护工业遗产的自觉性。

第五章　嘉峪关市工业遗产保护与利用模式及前景

工业遗产是人类文化遗产不可分割的组成部分，要同其他文化遗产一样，不但要进行科学保护，还要在保护的基础上合理利用，让工业遗产焕发出新的生命力。目前，国内外已经有大量工业遗产保护的成功案例，为我们今后开展工业遗产保护与利用工作做了很好的示范。各地的工业遗产保护与利用工作，应该结合当地的实际情况，进行合理规划，要深刻挖掘工业遗产所蕴含的历史文化和精神内涵，突出体现其核心价值意义，彰显工业遗产特色。要发挥工业遗产潜在价值，在保护中利用，在利用中保护，以利用促保护，不断提高工业遗产保护利用水平，实现工业遗产保护和利用的良性动态循环，促进地方经济社会可持续发展。

第一节　嘉峪关市工业遗产保护对策

当前，国内许多地方的工业遗产保护工作面临严峻形势。在推土机的轰鸣中，一些尚未被界定为文物、未受到重视的工业建筑和旧址，随着近年来城市改造的加速，正急速从我们的城市消失，烟消尘散后却留下了城市记忆的空洞。在兰州的工业遗产中，兰医二院院内老门诊区域内的原“甘肃制造局遗址”最为著名，但这一遗址却最终没有被保留下来。记者在深入调查后了解到，这样的事件已经不是个案，地方史志专家邓明等分析，工业遗址遭到破坏的原因有多种：重视不够导致列入各级文物保护单位的比例较低，像甘肃制造局被拆除时，既不是省级文物保护单位，也不是市级文物保护单位；家底不清使得对工业遗产的数量、分布和保存状况心中无数；界定不明造成对工业遗产缺乏深入系统的研究，保护理念和经验严重匮乏；观念问题也是一大障碍，很多人仍然认为近代工业污染严重、技术落后，应退出历史舞台，却忽略了对其文化价值的认可。①

鉴于此，为了做好工业遗产的保护工作，就要从许多基础工作开始做起。开展工业遗产专项调查，在掌握工业遗产分布情况和保存状况的前提下，对工业遗产进行科学认定，评估工业遗产价值，建立工业遗产档案，确定工业遗产保护级别。在具体保护工作中还要落实保护责任，将工业遗产与传统文化遗产同等对待，增加工业遗产保护经费投入，加强工业遗产保护宣传力度，将工业遗产保护工作逐步纳入城市发展规划，确保留住城市发展的历史印记和文化根脉。

一、建立工业遗产档案

1. 开展工业遗产专项调查

做好工业遗产保护工作，首先要摸清家底，全面调查认定工业遗产。嘉峪关市在第三次全国文物普查中已对工业遗产进行了初步调查，取得了一定的成果。但是，当时工业遗产是一个全新的文化遗产领域，没有现成的经验可以遵循，在进行工业遗产调查时，完全按照文物普查的要求进行，而且参加调查的人员主要以文物系统为主，对工业遗产的认定和评估不可避免地带有局限性。另外，当时的调查主要是按照不可移动文物的标准进行，缺少对工业遗产中非物质文化遗产部分的系统调查。因此，为了全面掌握全市工业遗产的保存现状，首先要进行一次专业的工业遗产调查，由文物管理部门组织文物、工业、文化、科技、规划、遗产所有人、文化学者等部门和领域的专业人员组成调查组，发挥各自专业和技术特长，相互协作，共同完成调查工作，弄清工业遗产保存状况，建

① 肖洁：《保卫兰州的工业遗产　别让我们的城市记忆成为空洞》，《兰州日报》2006年4月23日。

立健全工业遗产保存清单，为工业遗产的建档工作打下良好基础。

2. 建立工业遗产认定标准

科学认定是准确记录工业遗产的前提。目前，由于工业遗产保护起步相对较晚，国际上还没有统一的认定和价值判断标准。工业遗产的评估应以历史价值、科技价值、艺术价值和社会价值为准则，应在充分调查与研究的基础上建立工业遗产的价值评估标准，用以认定不同类型的工业遗产。工业遗产的认定应积极动员社会公众广泛参与，使合理、统一的认定标准得到公众的普遍认同。应注意工业遗产的认定标准与其他文化遗产，特别是古代文化遗产认定标准的差异。工业遗产的价值评估是对工业遗产进行分类的依据，建立工业遗产评价标准，是确定工业遗产保护等级和保护利用模式的前提。工业遗产应是在一个时期一个领域领先发展、具有较高水平、富有特色的工业遗存。这样界定，既注重了工业遗产的广泛性，避免因为认识不足而导致文化遗产在不经意中消失，又注重了工业遗产的代表性，避免由于界定过于宽泛而失去重点，保证把那些最具典型意义、最有价值的工业遗产保留下来。①

3. 完善工业遗产信息

工业遗产包括物质遗产和非物质遗产。物质遗产包括车间、作坊、厂房、矿场、仓库、运输基础设施（码头、桥梁、道路等）、办公楼、附属生活服务设施（住房、教育、休闲等）及其他构筑物等不可移动的物质遗存，和机器设备、生产工具、办公用具、生活用具、历史档案、商标徽章及文献、手稿、影像录音、图书资料等可移动的物质遗存。非物质遗产包括生产工艺流程、手工技能、原料配方、商号、经营管理、企业文化等工业文化形态。建立工业遗产档案时，要对这些工业遗产分门别类，全面收集各类遗产信息。要将调查到的工业遗产完备的外观特征和遗址保存状况、工艺流程情况等进行梳理并登记、建档，尤其是要重视对酒钢工业技术价值信息的整理研究和保护。记录应包括对物质、非物质遗产的描述、

① 单霁翔：《关于保护工业遗产的思考》，《中国文物报》2006 年 6 月 2 日。

绘图、照片、影像等资料。记录档案宜进行数字化以便管理使用和公众查询。对那些正在使用的工业遗产，在档案中要标明使用单位、管理人员、设备状态等信息；对已经闲置或废弃的工业遗产要标明废弃时间、存放地点、保存年限等信息；对一些非物质遗产，要记录清楚工艺流程、使用方法、价值意义等信息。在城市更新改造、工业企业搬迁、新型城镇化过程中发现有价值的工业资源，文物主管部门应加强与相关工业企业沟通，在工序停止或者场所关闭之前即对工业遗产进行详尽调查、记录，尽可能保留大量信息，同时企业停产后应该记录其清理流程。特别是对酒钢正在使用的一些具有代表性的工业遗产，一定要做好档案信息的收集和记录工作，及时进行价值确认，提前做好保护利用规划措施，避免设备在更新过程中被损毁。

二、落实工业遗产保护责任

1. 文物部门要发挥指导和监督职能

文物主管部门承担着文化遗产保护和传承的职责，应当按照文化遗产管理的各项要求，指导和监督相关部门做好工业遗产保护利用工作。文物主管部门根据工作开展条件，及时设立工业遗产保护专家委员会。专家委员会由文物、工业、历史、文化、社会、城乡规划、房产、建筑、国土资源、法律和经济等方面的专业人士组成，共同探讨工业遗产的评定因素、评价体系、评价方法，确保专家委员会在工业遗产的认定、调整、撤销以及规划、保护、利用等有关事项决策中提供咨询意见，发挥应有的职能。文物主管部门要组织相关部门，定期对有保护价值的工业遗存组织普查和专项调查，并根据调查成果，进行历史资料挖掘和保护价值与类别的评估，提出工业遗产保护名录，征求所有人、使用人以及社会公众意见后，经专家委员会评审，报请本级人民政府确定公布并设立保护标志。公布为各级文物保护单位的工业遗产，按照相关要求及时开展文物保护单位的“四有”工作，树立保护单位标志碑，确定保护范围，与工业遗产所在单位签订保护协议，制定保护措施，加强保护工作。同时，文物管理部门还应当积极推动工业遗产保护利用立法，健全保存、保护和利用工业遗产的政策法规和标准规范体系，使工业遗产保护工作有法可依，有章可循，从根本上解决工业遗产保护存在的问题。嘉峪关市文物管理部门在完成第三次全国文物普查工作后，及时开展了工业遗产保护工作，于2012年将酒钢公司老干部活动中心和镜铁山矿粮仓旧址公布为嘉峪关市级文物保护单位。这些工作为全市工业遗产保护起到了良好的示范作用。

2. 工业主管部门要发挥组织和协调职能

工业主管部门具有制定本地区工业发展规划、行业管理办法，进行工业经济管理，以及协调解决工业发展中的重大问题的职能。在工业遗产保护工作中，要与文物主管部门密切协作，抽调工业领域的专门技术人才和专家参与工业遗产调查、认定、评估、保护、利用等各个工作环节，发挥在工业领域进行宏观管理、统筹各类资源的优势，组织和协调文物、文化、科技、规划、工业遗产所在单位、企业等部门，制定工业遗产保护方案，编制工业遗产保护利用专项规划，发掘工业遗产价值内涵；要支持和鼓励科研部门运用综合专项技术，实施可靠、高效的保护措施，妥善保护工业遗产核心要素的整体性和功能完整性；加强对工艺流程、生产技术、口述工业历史等非物质文化遗产的保护；将工业遗产保护利用纳入地方经济发展规划，统筹协调本地区各种资源，积极探索工业遗产开发利用模式。

3. 工业遗产所有人要发挥保护和管理职能

工业遗产所有人、使用人及其所在单位、企业和个人，是工业遗产保护工作的具体实施者和责任人，负有工业遗产保护和管理职能，在文物和工业主管部门的指导下开展工业遗产保护管理工作。要按照工业遗产的各种类型，制定相应的日常维护制度，实施预防性保护措施，定期开展检测评估，持续进行监测防控，并根据工业遗产的保存状态，按照有关规范和程序，开展工业遗产的修缮、维护或整治工作，逐步建立和完善工业遗产保护管理工作体系。嘉峪关市工业遗产主要以酒钢公司为主，要发挥酒钢公司在工业管理方面组织能力强、工作经验丰富、技术力量雄厚等资源优势，组成专门的工业遗产管理部门，统一管理公司的工业遗产，制订工作计划，利用公司强大的人才和技术力量，统筹协调各类资源，将工业遗产保护工作纳入公司正常的管理轨道，建立工业遗产管理规范和标准，必将为全市工业遗产保护工作发挥重大作用。

三、加强工业遗产保护管理

1. 保护工业遗产的必要性与紧迫性

中国的城市建设已经在“退二进三”的过程中，一些传统工业先后遭遇行业衰退和逆工业化过程，大量工业停产搬迁，房地产开发随之跟进，许多有价值的工业遗产正面临不可逆的拆毁，大量珍贵档案在流失。另一方面，现代工业遗产正面临着技术不断更新或更替所带来的冲击。与其他古迹遗址不同的是，不断延续的工业活动迫使此类工业遗产与不断向前发展的生产方式相适应，新技术、新工艺的不断开发应用和产品迅速地更新换代也使工业遗产更为脆弱，极易于受到损害。因此，在城市更新和产业发展过程中，如何对待工业遗产已经成为文化遗产保护领域的重要课题。

工业遗产具有重要的历史价值、社会价值、科技价值、经济价值及审美价值，是文化遗产中不可分割的一部分，相对于几千年的中国农业文明和丰厚的古代遗产来说，工业遗产只有近百年或几十年的历史，但它们同样是社会发展不可或缺的物证，其所承载的关于中国社会发展的信息，其曾经对人口、经济和社会的影响，甚至比其他历史时期的文化遗产要大得多。所以，我们应该像重视古代文物那样重视工业遗产，保护工业遗产就是保持人类文化的传承，培植社会文化的根基，维护文化的多样性和创造性，促进社会不断向前发展，这些都将具有非常重要的意义。

2. 加快工业遗产保护法制化建设

目前，工业遗产面临的一个困境是无法可依。对于历史文物的保护，可以按照文物法等相关法规执行，但工业遗产由于年代一般不够久远，绝大多数无法列入文物法保护的范围之内，除此之外，再没有其他法规对工业遗产的保护有相关说明。因此应尽快开展工业遗产保护相关法律、规章的制定工作，使经认定具有重要意义的工业遗产通过法律手段得到强有力的保护。同时，鉴于工业遗产既是文化遗产的不可缺少的组成部分，又有其自身的特点，因此在立法保护方面应充分考虑其特殊性，以使其完整性和真实性得到切实的保护。并应设立专家顾问机构对工业遗产保护的有关问题提出独立意见。①

在国家没有出台相应法律法规的前提下，各地应根据本地实际，尽快制定相应的地方性政策法规，必要时采取有效措施，对工业遗产的改造加以限制，防止重要遗产在尚没有认定前被拆迁或损毁，如北京市就出台了《北京市工业遗产保护与再利用工作导则》。具有重要价值和意义的工业遗产一经认定，应当及时公布为文物保护单位，通过强有力的手段使其切实得到保护。对于暂时未列入文物保护单位的一般性工业遗产，在严格保护好外观及主要特征的前提下，审慎适度地对其用途进行适应性改变。②嘉峪关市工业遗产保护工作在第三次全国文物普查工作之后已经有一定基础，现在可以根据工业遗产保护工作需要，由文物行政管理部门牵头，组织相关领域的专家，拟定《嘉峪关市工业遗产保护管理办法》，提交相关部门审议通过后颁布实施。这样在今后工作中可以划清各单位和部门的职责范围，明确相关权利和义务，使工业遗产保护工作做到有章可循。

---

① 单霁翔：《关于保护工业遗产的思考》，《中国文物报》2006年6月2日。

② 丁芳、徐子琳：《中国工业遗产的法律保护研究》，《科技信息》2012年第1期。

3. 广泛开展工业遗产保护宣传

工业遗产作为一类新型的文化遗产，社会公众对它的认识还很有限，应该通过各种手段进行广泛宣传报道。在每年的重大文化节日期间，如“5·18”国际博物馆日、中国文化遗产日等，通过电视、广播、报纸、宣传车和宣传展板等形式，进行工业遗产保护重大意义的宣传；利用网络媒体，在相关行业网站，开办工业遗产宣传专栏，及时报道工业遗产相关动态；在社区街道悬挂文化遗产保护宣传标语，发放宣传单页等，开展丰富多彩的宣传活动，使工业文化遗产保护工作引起社会各界的广泛关注。积极鼓励企业单位开展工业遗产调查，发现具有代表性的工业遗产及时进行宣传报道。开展留住城市记忆，传承工业文化活动，向社会各界系统征集工业遗产、遗物，举办以工业文化遗产为主体的展览活动，激发人民群众关注工业文化的热情。

4. 纳入城市发展规划范围

城市规划是综合性、全局性、战略性的城市发展蓝图，涉及城市居民生活中的各个领域，而每一处文化遗产的兴衰，也无不与民众的利用息息相关。因此，必须将文化遗产保护的思想贯彻到城市规划的各个层面。根据文化遗产保护的需要，在规划上进行整体性控制，使城市建设既展示现代文明的崭新风貌，又突出文化城市的高雅品位。[①] 为了做好工业遗产保护利用工作，制定工业遗产保护利用总体规划是一项重要措施。工业遗产主管部门应编制工业遗产保护利用总体规划，并作为专项规划纳入当地文物事业发展规划，纳入当地国民经济与社会发展规划。工业遗产保护利用总体规划应与城市总体规划相衔接，明确工业遗产位置、控制范围及保护要求，并落实在城市控制性详细规划图则中作为规划管理依据。文物主管部门应当定期对工业遗产的保护利用情况进行检查评估，督促工业遗产保护责任人加强保护措施，合理地再利用工业遗产。对经认

---

① 单霁翔：《从“功能城市”到“文化城市”》，载《文化遗产·思行文丛》（论文卷），天津大学出版社，2012。

定具有重要意义的工业遗产应及时明确界定保护范围和控制地带，并应针对机械设备、地下设施、地面构筑物、综合性建筑群以及整体工业景观制定相关保护规定，应当根据工业遗产保护利用总体规划的要求，编制每处工业遗产的保护使用导则，明确工业遗产的保护类别、修缮维护、保护管理等具体要求。[①]国内一些地区按照相关要求，对工业遗产保护工作纳入城市发展规划进行了一些有益的尝试。如绵阳市根据政协委员《关于加强我市工业遗产保护与利用工作的建议》提案，编制了《绵阳市历史文化名城保护规划》《绵阳市跃进老工业区整体搬迁改造实施方案》，并对上争取到国家发改委将绵阳市列入《全国老工业基地调整改造规划》，并按照统一规划、分级保护的原则，开展《绵阳市三线建设遗址保护利用专项规划》的编制工作，确定整体保护措施和保护模式。[②]另外，在做好保护规划的同时，还要将工业遗产保护纳入各级政府的财政预算，确保基本保护资金的落实。除国家拨款支持外，还可以通过相关政策和奖励等手段对保护措施予以鼓励，同时出台有利于社会捐赠和赞助的政策措施，通过各种渠道筹集资金，促进工业遗产保护事业的发展。还应出台税收、财政、土地使用等鼓励社会力量参与工业遗产保护的经济文化政策，引导社会团体、企业和个人参与工业遗产的保护与合理利用。

四、开展工业遗产价值评估

工业遗产价值评估是开展工业遗产保护与利用的前提条件，具有一定的研究与实践意义。目前，大多数工业遗产的价值评价主要以定性评价和具体评价为主，尚未建立具有普遍指导意义的工业遗产价值评估体系。因此，借鉴不同城市工业遗产价值评估研究成果和相关研究方法，结合嘉峪关市工业遗产的特点和价值，探索一套兼具操作性和准确性的综合评价体系，对嘉峪关市现存工业遗产进行价

---

① 参考国家文物局的《工业遗产保护和利用导则（征求意见稿）》，2014 年 8 月。

② 袁媛：《编制规划完善措施　推动工业遗产保护与利用》，《绵阳日报》2017 年 11 月 17 日。

值评估，将对今后制定相应的保护和开发利用策略打下良好基础，也可为其他城市的工业遗产的价值评估体系的建构提供参考。

1. 评价内容

嘉峪关市工业遗产构成以现代工业遗产和钢铁行业工业遗产为主，酒钢公司所属企业中的工业遗产维护保养及时，大部分还是按照生产工序正常使用，市属企业的工业遗产中，一些厂房建筑还在使用当中，但大部分机器设备随着企业的改制和转型保存状况堪忧。由于嘉峪关市工业遗产分布范围广，类型多样，其价值分布及价值高低亦不尽相同，在对这些工业遗产制定保护方案和开发利用之前，需对其进行有效的价值评估。

目前国内工业遗产的价值构成一般包含历史价值、科技价值、艺术价值、文化价值和经济价值等五个方面。这五个方面的价值对于不同的工业遗产具有不同的重要程度，在进行价值认定时，需对这几个方面的价值进行重要度的判定，判定的依据即为工业遗产价值的评价标准。嘉峪关工业遗产价值评价体系的设立基于现存各种类型的工业遗产。历史价值主要是判定工业历史建筑的建造时间、在本地区工业发展中的地位、在同时期同行业中的重要程度，工业生产设备在当时工业技术史上的地位等；科技价值主要是判定工业历史建筑使用的建筑材料、建筑技术的科学价值，工业生产设备的生产技术、操作技能、生产流程方面的价值；艺术价值主要是判定工业历史建筑的建筑风格、建筑艺术美学价值，以及在形成工业遗产厂区的景观艺术性方面所起的作用；文化价值主要是判定工业历史建筑所代表或传递的地方精神、企业文化、生活方式、城市记忆等；经济价值主要是判定工业历史建筑在当时的工业建设投资和具有发展文化、旅游业等服务业的潜在价值等。

2. 评价体系

根据嘉峪关市工业遗产价值的特点和本评价体系建立的目的，我们借鉴相关工业遗产评价体系标准，[①] 将工业遗产价值评价体系的指标体系划分为目标层、准则层和子准则层三个层次，每个子准则层的指标都由代表性、稀缺性和完整性三个标准来评价，其中每个标准都划分为1、2、3三个级别。根据层级关系，被测评工业遗产在子准则层、准则层和目标层上的价值均以三级制显示出来。

<table>
<tr><td colspan="3" rowspan="3">评价指标</td><td colspan="9">评价标准</td></tr>
<tr><td colspan="3">代表性</td><td colspan="3">稀缺性</td><td colspan="3">完整性</td></tr>
<tr><td>1 级</td><td>2 级</td><td>3 级</td><td>1 级</td><td>2 级</td><td>3 级</td><td>1 级</td><td>2 级</td><td>3 级</td></tr>
<tr><td rowspan="3">目标层</td><td rowspan="3">准则层</td><td>子准则层 1</td><td colspan="9" rowspan="3">评价结果</td></tr>
<tr><td>子准则层 2</td></tr>
<tr><td>子准则层 3</td></tr>
</table>

在本评价体系中并未采用数值记分方法，取而代之以分级制，这是由工业遗产价值的特点和价值评价的目的所决定的。一方面，工业遗产价值的复杂性决定了采用精确的记分制难以准确表征被测评遗产的实际价值。另一方面，价值评价的目的是为下一步的工业遗产的保护和改造提供依据，在制定保护和改造方案时，只需根据遗产价值的高低对厂区内的遗产划分出层级即可，没有必要对遗产的价值进行精确计算。

① 初妍：《青岛近代工业建筑遗产价值评价体系研究》，博士学位论文，天津大学，2016。

3. 评价方法

历史价值

评价目标	被测评建筑的建造时间在嘉峪关市近代工业发展中的地位；在同时期同行业中的重要程度；被测评生产设备在当时的历史意义；与近现代历史事件的关系而产生的社会历史价值								
评价标准	代表性			稀缺性			完整性		
	被测评建筑、设备在所属行业生产中所起的作用；发生的历史事件的地位			嘉峪关市近代工业遗产中与被测评对象相同类型遗产的数量；与相同历史事件关联的遗产数量			被测评对象参与嘉峪关市工业历史发展的程度		
	1 级	2 级	3 级	1 级	2 级	3 级	1 级	2 级	3 级
	非常重要	重要	一般	3 个以下	3~5 个	5 个以上	全程参与	重要节点	个别事件
分数区间	90~100 分	70~90 分	70 分以下	90~100 分	70~90 分	70 分以下	90~100 分	70~90 分	70 分以下
评价方法	查阅资料 + 实地调研 + 专家评定			实地调研			历史调研 + 查阅资料 + 口述史		
备注	1. 各个企业的发展历程均有各自特征，即使相同行业的不同企业，其发展历程亦不尽相同，在测评时需具体分析； 2. 有的宏大的历史事件并非在该建筑中进行，但其酝酿的过程或者直接导致大事件的小事件在该建筑中发生和进行，此类情况都按照与该大事件有关进行测评			1. “相同类型”指的是相同行业中的具有相同使用功能的生产建筑； 2. 若与某历史事件有关联的建筑为孤例，则该建筑的稀缺性高于 1 级； 3. 若该建筑与多个历史事件有直接联系，其稀缺性按级别高者计算			1. 若该建筑与多个历史事件（群体）有直接联系，其完整性按 1 级计算		

科技价值

<table>
<tr><td>评价目标</td><td colspan="9">被测评建筑当时使用的建筑材料、建筑技术的科学价值；被测评生产设备在当时的生产技术、操作技能、生产流程方面的价值</td></tr>
<tr><td rowspan="4">评价标准</td><td colspan="3">代表性</td><td colspan="3">稀缺性</td><td colspan="3">完整性</td></tr>
<tr><td colspan="3">在建筑时期使用的建筑材料、建筑技术是否先进；生产设备购置时的先进程度及操作技能、生产流程的先进程度</td><td colspan="3">嘉峪关市近代工业遗产中使用相同建筑材料、技术的遗产数量；嘉峪关市使用该设备的相同企业的数量</td><td colspan="3">被测评对象的建筑材料、建筑技术保存的完整性；生产设备、操作技能、生产流程保存的完整性</td></tr>
<tr><td>1 级</td><td>2 级</td><td>3 级</td><td>1 级</td><td>2 级</td><td>3 级</td><td>1 级</td><td>2 级</td><td>3 级</td></tr>
<tr><td>世界先进</td><td>全国先进</td><td>一般技术</td><td>5 个以下</td><td>5~10 个</td><td>10 个以上</td><td>完整</td><td>较为完整</td><td>不完整</td></tr>
<tr><td>分数区间</td><td>90~100 分</td><td>70~90 分</td><td>70 分以下</td><td>90~100 分</td><td>70~90 分</td><td>70 分以下</td><td>90~100 分</td><td>70~90 分</td><td>70 分以下</td></tr>
<tr><td>评价方法</td><td colspan="3">查阅资料 + 实地调研</td><td colspan="3">实地调研</td><td colspan="3">历史调研 + 查阅资料 + 专家评定</td></tr>
<tr><td>备注</td><td colspan="3">1. 如建筑中使用的主要材料有多种，材料的代表性级别按照最先进的材料计算；
2. 如采用的全国先进技术也同时是世界先进技术，则按世界先进技术计算</td><td colspan="3">1. 若在嘉峪关近代工业建筑遗产中，使用该先进技术的遗产为孤例，则其稀缺性高于 1 级；
2. 若该先进技术为企业首创，则无论同时期采用该操作技术的企业数量，该操作技术的稀缺性都为 1 级</td><td colspan="3">1. 若建筑结构主要受荷构件能够维持其设计承载，传力体系完整，则该建筑体系具有完整性；
2. 完整性指的是设备的主要部件是否完整，不包括维持设备运转的细小零部件及耗材</td></tr>
</table>

艺术价值

评价目标	被测评建筑使用的建筑风格、建筑的艺术美学价值；被测评建筑在形成工业遗产厂区的景观艺术性方面所起的作用								
评价标准	代表性			稀缺性			完整性		
	是否符合嘉峪关近代工业遗产建筑典型风格；是否符合建筑形式美的一般规律；是否有助于形成嘉峪关特色厂区景观			在嘉峪关同类型近代工业遗产中采用此建筑风格或体现相似形式美感的建筑的数量			被测评建筑与周围环境的融合程度		
评价标准	1 级	2 级	3 级	1 级	2 级	3 级	1 级	2 级	3 级
	符合	基本符合	不符合	3 个以下	3~5 个	5 个以上	相容	较为相容	不相容
分数区间	90~100 分	70~90 分	70 分以下	90~100 分	70~90 分	70 分以下	90~100 分	70~90 分	70 分以下
评价方法	实地调研			实地调研			实地调研 + 专家评定		
备注	“建筑形式美的一般规律”指的是建筑学界长期以来共同认可的形式美感的普遍规律，如对称、均衡、韵律、节奏、对比、微差等			若在嘉峪关近代工业建筑遗产中，使用建筑风格为孤例，则其稀缺性高于 1 级			“建筑与周围环境的融合程度”主要指建筑与周边道路、地形以及周围树木的关系是否和谐		

文化价值

<table>
<tr><td>评价目标</td><td colspan="9">被测评对象所代表或传递的地方精神、企业文化、生活方式、城市记忆等</td></tr>
<tr><td rowspan="4">评价标准</td><td colspan="3">代表性</td><td colspan="3">稀缺性</td><td colspan="3">完整性</td></tr>
<tr><td colspan="3">被测评工业遗产与当时人们在生产活动中的自我价值和生活方式的相关程度</td><td colspan="3">被测评工业遗产所产生的城市记忆、企业文化、生活方式或者所存档案记录在嘉峪关城市文化中的影响力</td><td colspan="3">被测评工业遗产所反映的社会文化在时间和空间维度的完整性</td></tr>
<tr><td>1 级</td><td>2 级</td><td>3 级</td><td>1 级</td><td>2 级</td><td>3 级</td><td>1 级</td><td>2 级</td><td>3 级</td></tr>
<tr><td>联系紧密</td><td>联系一般</td><td>联系较浅</td><td>非常大</td><td>较大</td><td>一般</td><td>完整</td><td>较为完整</td><td>不完整</td></tr>
<tr><td>分数区间</td><td>90~100 分</td><td>70~90 分</td><td>70 分以下</td><td>90~100 分</td><td>70~90 分</td><td>70 分以下</td><td>90~100 分</td><td>70~90 分</td><td>70 分以下</td></tr>
<tr><td>评价方法</td><td colspan="3">查阅资料 + 实地调研</td><td colspan="3">查阅资料</td><td colspan="3">查阅资料 + 专家评定</td></tr>
<tr><td>备注</td><td colspan="3">1. 包括与生活相关的生活价值、人与大自然相互关系的方法价值、精神价值和形态价值;
2. 包括人们的记忆、情感和与工业生产相关的生活习惯</td><td colspan="3">1. 企业发展对整个社会经济的影响和作用，如改变生活方式、调整经济结构、解决就业等;
2. 人们的记忆、情感和与工业生产相关的生活习惯对政治和社会的影响</td><td colspan="3">1. 在时间上主要体现在该遗产代表的文化价值在工业历史中是否有完整的发展序列;
2. 在空间上体现在该遗产产生的文化内涵是否在一定地区内（如嘉峪关）对外辐射</td></tr>
</table>

经济价值

<table>
<tr><td>评价目标</td><td colspan="9">被测评对象当时工业建设投资和现代具有发展文化、旅游业等服务业的潜在价值</td></tr>
<tr><td rowspan="4">评价标准</td><td colspan="3">代表性</td><td colspan="3">稀缺性</td><td colspan="3">完整性</td></tr>
<tr><td colspan="3">在建造时期投入的工业建设投资数额在同类型同地区是否巨大</td><td colspan="3">在现代工业遗产开发利用中，发展文化、旅游等行业的潜在价值是否独特</td><td colspan="3">现有遗存在进行文化旅游开发过程中是否完整</td></tr>
<tr><td>1 级</td><td>2 级</td><td>3 级</td><td>1 级</td><td>2 级</td><td>3 级</td><td>1 级</td><td>2 级</td><td>3 级</td></tr>
<tr><td>非常巨大</td><td>巨大</td><td>一般</td><td>非常独特</td><td>独特</td><td>一般</td><td>完整</td><td>较为完整</td><td>不完整</td></tr>
<tr><td>分数区间</td><td>90~100 分</td><td>70~90 分</td><td>70 分以下</td><td>90~100 分</td><td>70~90 分</td><td>70 分以下</td><td>90~100 分</td><td>70~90 分</td><td>70 分以下</td></tr>
<tr><td>评价方法</td><td colspan="3">查阅资料</td><td colspan="3">实地调研</td><td colspan="3">历史调研 + 专家评定</td></tr>
<tr><td>备注</td><td colspan="3">1. 投资数额主要指遗产本身在当时的购置投入，即硬件投入；
2. 同类型是指相同功能相同型号，同地区是指嘉峪关市范围内；
3. 若被评价对象在同类型同地区为独有或最先进，则其代表性高于 1 级</td><td colspan="3">在文化旅游开发中在同地区同行业中具备独特吸引力，在产生经济效益过程中有较强竞争力</td><td colspan="3">1. 若评价对象主要构成部分体系完整，则该遗产体系具有完整性；
2. 完整性还指在开发利用过程中，获得体验或者功能的完整性</td></tr>
</table>

4. 工业遗产价值评估评分样表

<table>
<tr><td>工业遗产名称</td><td colspan="4"></td></tr>
<tr><td>价值构成</td><td>评价标准</td><td>单项评分</td><td>平均分</td><td>备注</td></tr>
<tr><td rowspan="3">历史价值</td><td>代表性</td><td></td><td rowspan="3"></td><td rowspan="3"></td></tr>
<tr><td>稀缺性</td><td></td></tr>
<tr><td>完整性</td><td></td></tr>
<tr><td rowspan="3">科技价值</td><td>代表性</td><td></td><td rowspan="3"></td><td rowspan="3"></td></tr>
<tr><td>稀缺性</td><td></td></tr>
<tr><td>完整性</td><td></td></tr>
<tr><td rowspan="3">艺术价值</td><td>代表性</td><td></td><td rowspan="3"></td><td rowspan="3"></td></tr>
<tr><td>稀缺性</td><td></td></tr>
<tr><td>完整性</td><td></td></tr>
<tr><td rowspan="3">文化价值</td><td>代表性</td><td></td><td rowspan="3"></td><td rowspan="3"></td></tr>
<tr><td>稀缺性</td><td></td></tr>
<tr><td>完整性</td><td></td></tr>
<tr><td rowspan="3">经济价值</td><td>代表性</td><td></td><td rowspan="3"></td><td rowspan="3"></td></tr>
<tr><td>稀缺性</td><td></td></tr>
<tr><td>完整性</td><td></td></tr>
<tr><td>综合评价</td><td colspan="3"></td><td></td></tr>
</table>

第二节　工业遗产保护与利用模式

一、国外工业遗产保护与利用模式及案例

1. 工业博物馆模式

工业博物馆模式是保护工业遗产最常见的一种方式，国外利用工业博物馆模式保护工业遗产的成功案例很多。这些地区除了工业遗产本身保存较好外，更注重深入发掘工业遗产的历史价值和文化价值，并在确保工业遗产完整性和原真性的基础进行了艺术展示，取得了较高的社会效益和经济效益，许多在工业遗产区建成的博物馆已成为文化教育培训基地和观光旅游的热门景点。其中，英国铁桥博物馆群、德国鲁尔区博物馆群、美国国家工业博物馆等对工业遗产的保护与利用具有一定的代表性。

英国的铁桥峡谷博物馆群坐落在什罗普郡，位于英国第二大城市伯明翰西北方向约40千米的丘陵地区，塞文河从其中穿过，“铁桥峡谷”正是得名于一座横跨塞文河的铁桥，它建于1779年，是世界上第一座铁桥。经过20世纪60年代以来的开发，峡谷一带废旧的工厂、作坊等，已经被规划改造成10座不同主题的博物馆和285个保护性工业建筑为一体的旅游目的地，每年平均能吸引30万游客来此观光游览，带动了峡谷地区的经济重生。[①]1973年在此召开了第一届国际工业纪念物大会。1986年，铁桥峡谷成功收录为世界文化遗产，这是世界上第一例以工业遗产为主题的世界文化遗产。

铁桥峡谷主要是通过对原有的工业遗产进行保护，以恢复遭受破坏的生态环境和建造主题博物馆的形式来发展旅游业。整个博物馆群集采矿区、铸造厂、工厂、车间和仓库于一体，密布着由巷道、轨道、坡路、运河和铁路编织成的古老运输网络，与一些由传统景致和房屋建筑组成的遗留物相共存。其中包括科尔布

---

① 林卫光：《英国铁桥峡谷：记录“工业考古学”之美》，《光明日报》2017 年 1 月 14 日。

图 5-1 英国铁桥峡谷（图片来源：https：//baike.baidu.com/item/ 铁桥峡谷）

鲁克代尔铁器博物馆、老科尔波特厂的瓷器博物馆，以及一个重建的布里斯特·希的工业小镇，小镇中还保存了当年用以浇筑大铁桥构件的熔炉，实景再现了19世纪90年代的英国工业风貌，堪称英国工业传统的展示厅。[①]

德国鲁尔区博物馆群是鲁尔区工业遗产改造成果的重要组成部分。鲁尔区是北莱茵—威斯特法伦州的一个地区，位于莱茵河畔、利伯河和鲁尔河之间，以煤矿、钢铁和能源为支柱产业，依赖丰富的煤炭资源与优越的水运条件，在德国近代工业发展历史上占有重要地位。20世纪60年代开始，在新一轮全球产业革命浪潮的冲击下，随着世界煤炭产量迅速增长、石油和天然气的广泛使用，鲁尔区煤炭储量急剧下降、开采成本日益昂贵、环保压力加大，百年不衰的鲁尔区爆发了历时10年之久的煤业和钢铁危机。主导产业衰落，失业率上升，大量人口外流，环境污染严重，社会负债增加等，使鲁尔区的可持续发展受到严峻挑战。为此，德国政府采取因地制宜的经济政策，通过产业结构的调整，对老工业区开始了改

① 单霁翔：《关注新型文化遗产——工业遗产的保护》，《中国文化遗产》2006 年第 4 期。

图 5–2　德国埃森关税同盟十二号矿（马航 / 摄）

造之路。北莱茵—威斯特法伦州于1989年创建了国际建筑展览公司（IBA），启动了规模庞大的鲁尔区更新计划。通过举办一系列国际招标，获得既有生态品质，又有文化品质和经济效益的更新规划方案，将濒临死亡的工业景观变成巨大的历史和技术博物馆以及最佳的娱乐休闲场所。

鲁尔新区有多达22个博物馆和展区，分别以煤矿、冶炼、机械、矿石、纺织、铁路机械、化工、化石、古生物标本、本地物种、船舶模型等为主题。全部建在空置的厂房和仓库、生锈的高炉、停产的设备、废弃的矿山和采石场、铁路站台和码头、工业废料倾倒场里面，这类形形色色的“大地伤疤”被巧妙地利用起来。德国“关税同盟”煤矿 Ⅶ 号矿井及炼焦厂工业遗产保护与利用是其中较为成功的一个案例。这里的工业遗产在保护的基础上进行了整体层级规划，充分发掘各种工业建筑、厂房、生产设施的空间潜力并赋予其新的功能，被改造成为现代设计博物馆、展览馆、雕塑艺术、工业文化博物馆、办公场所、休闲健身、配套服务设施等，利用建筑及设施的内部空间，用于永久性展示工业生产过程、工业产品、工业文化、社会经济、工人生活与工作环境等，实现群体综合性再利用。在文化层面，经过整体结构保护的厂区建筑设施与环境一方面是地域居民的生活和工作记忆的载体；另一方面向游客展示了工业文化的物质形态和演变历程。[①]

这里的德国煤矿博物馆是世界上最大的煤矿博物馆。该处博物馆一个重要的标志性建筑物是矗立在博物馆之上的高大的井架，这座博物馆是工业建筑师Fritz Schupp1903年设计的作品。现在博物馆内陈列了大量的反映煤炭开掘时期的纪念品和实物。地面之下的坑道展厅独具特色，演示了煤矿作业的各个环节，并展示了不同时代的煤矿开掘设备的模型。Zollern 采煤场建于1898年，1969年这处矿被保护起来作为博物馆。展馆分为两个部分，室内展览和室外展览，在室内部分，展出了煤矿工业设施和控制设备，同时在展厅中也开展现代艺术的展览。室外部分则通过铁轨、机车、通道等工业时期的设备，展示煤矿工业时期的工作情况，其中穿插很多卡通人物漫画，生动地反映了当时的生产生活情况，寓教于乐。[②]

另外一座较著名的博物馆是坐落于鲁尔区东部多特蒙德市的措伦煤矿露天煤炭博物馆，这座博物馆建于19世纪末20世纪初，现已发展成为一处有着大量露天展品的煤炭博物馆。措伦煤矿露天博物馆采用“整体保护”策略，基本保留了原厂区的所有建筑、环境和景观，将旧厂房翻修一新用于展示工业流程，并利用废弃的火车和铁轨改造成园区的游览工具。博物馆十分注重观众的体验和参与感，通过还原真实的氛围营造出生动的工作场景，厂房内保留了许多大型机械和设备，参观者可以穿上工作服，戴上安全帽，以矿工的身份参与煤矿工作，体验生活。通过这种方式，观众会深刻地体会到煤炭工业曾有的辉煌，虽然工厂已不再运转，

---

① 刘抚英：《德国埃森“关税同盟”煤矿Ⅶ号矿井及炼焦厂工业遗产保护与再利用》，《华中建筑》2012年第3期。

② 马航、苏妮娅：《德国工业遗产保护和开发再利用的政策和策略分析——以北威州鲁尔区为例》，《南方建筑》2012年第1期。

但煤炭工人所奉献的艰辛劳动和拼搏精神却得到了尊重和传承。①

德国鲁尔工业区的更新计划为全世界的旧工业区改造提供了范本。它的策略不是废旧立新，而是旧物再利用。通过改变原有建筑、设施及场地的功能，既再现了工业区的历史，又为人们提供了文化、娱乐生活的园地，整个鲁尔工业区已变成了一个博物馆和休闲区。

美国国家工业博物馆是由美国宾夕法尼亚州伯利恒钢铁公司钢铁厂工业遗产改造而来。美国宾夕法尼亚州伯利恒钢铁公司是美国第二大钢铁制造商，同时也是世界最大的船舶制造商之一，占地面积2000英亩。公司的前身Saucona钢铁公司于1857年在伯利恒南部成立，1861年更名为伯利恒钢铁公司。1904年由伯利恒钢铁公司、联合铁厂和其他几家较小的公司合并组成。公司成立后的最初几十年里，主要生产煤、铁矿石和钢。1982年公司亏损严重，1995年钢铁厂关闭，但标志性的285英尺（约86.9米）高炉依然屹立在那里。2007年被一家名为Sands Casino Resort Bethlehem的公司收购。之后的改造为百年钢铁帝国的旧工业遗产带来了新的生命。改造总投资15亿美元，目的是保持和提升历史悠久的工业环境，同时利用该场地，成为吸引经济投资增长的新潜力。

美国国家工业博物馆经过20年的规划，于2016年8月才正式对公众开放。当钢铁厂被关闭时，为了铭记那些辉煌的岁月，伯利恒居民团结一致把它留下来，保留其标志性的结构。博物馆位于1913年钢铁厂的电气修理车间，里面放置了丙烷工业、丝绸制造大型机器等历史物件。沿着历史的长廊，博物馆讲述着美国从农业社会向工业革命转变的故事。在200多件作品中，有1873年在伯利恒首次推出的第一块钢铁，以及1953年在美国推出的最后一件甲级装甲，游客们还可以通过拿一个20磅重的筒子架来了解童工的情况，当时他们会在丝绸工厂里连续工作几个小时。如今这片历史遗迹成为融合美国国家工业博物馆、会议中心、运动场馆、

---

① 鞠叶辛、梅洪元、费腾：《从旧厂房到博物馆——工业遗产保护与再生的新途径》，《建筑科学》2010年6月。

图 5-3 美国国家工业博物馆（图片来源：http：//www.sohu.com/a/218992366_785602）

电影院、娱乐中心等功能为一体的动力十足、可持续以及适于居住的综合社区。[①]

2. 景观公园模式

工业生产活动停止后地面上留下的生产设施、仓储设施、交通运输设施、动力设施、后勤保障设施、管理与公共服务设施等，形成工业废弃地，影响了城市的发展。在20世纪70年代以后，随着人们环境意识的增强和环保运动高涨，现代工业废弃地的更新与改造项目逐渐增多，国外许多城市将这些工业遗迹保留下来，赋予其新的功能，并在景观美学意义和生态特质上加以强化，利用合理方式将其开辟为市民生活休闲的工业遗址景观公园，也称之为综合性城市开放空间或公共休憩空间。

美国西雅图煤气厂工业景观公园，是利用景观设计的方式对工业废弃地进行

① 韦峰主编《在历史中重构：工业建筑遗产保护更新理论与实践》，化学工业出版社，2015。

图 5-4 西雅图煤气厂公园保留的气化塔（朱怡晨 / 摄）

再利用的早期经典案例。煤气厂占地83000平方米，位于联合湖（Lake Union）北面的一处岬角。建于1906年。1956年，因天然气的全面推广，煤气厂停止生产，主要建筑物和工厂设施原封不动保留，直至1962年西雅图政府开始启动收购程序。1970年，西雅图公园管理局委托理查德·哈格事务所（Richard Haag Associates）对工厂废弃地进行场地研究和公园规划。理查德·哈格随即意识到工业时代的生产遗迹独有的历史、美学和实用价值，在1971年提交了一份设计方案，并说服了公众对工业遗迹价值的认可，工业保护公园的规划得到一致通过。这个设计方案的独到之处是有选择地保留了具有工业雕塑感和工业考古价值的工业设备，使之成为公园的重要组成部分，并从这些已有的工业元素出发进行景观再创造，给公园带来了独特的美感。

1975年公园向游人开放，整个公园由风筝山（Kite Hill）、北草地、高塔、船首、野餐棚、谷仓和南草坪等7部分组成。其中13米高的风筝山和草地等开放空间，用于市民休闲、散步、集会。宽敞的湖面和对岸西雅图市中心的天际线，使其成为观看日出日落、露天音乐节、节日焰火的最佳场地。而高塔、谷仓和野餐棚则都由工业构筑物改造而来。煤气厂公园在开放之初，便受到了举世瞩目的认同。尽管不是所有工业建筑都保留下来，然而气化塔、管道特有的复杂阵列，成为工业时代独有的特征语言，参与重构了整个公园，成为公园的视觉焦点和城市工业历史的纪念碑。①

另一项值得称道的是煤气厂公园对生态环境进行修复的理念。1956年煤气厂关闭时，土壤污染十分严重，公园管理者一方面采用生物化学的方法，引进能消化石油的酵素和其他有机物，逐渐清除土壤深层的污染物，在土壤中掺进一些腐殖质和草籽，来增加土壤肥力，以此培植一些微生物和植物“吃掉”这些污染物质，从而净化污染的土壤。另一方面，选取便于维护的普通草种，以降低公园的维护成本。虽然，后来的环境影响声明指出，公园深处的土壤中含有少量苯、二甲苯、萘、氰化物和镉的混合物质，并会周期性地通过路面裂缝渗出地表，少量致癌物依旧残存于土壤深处，化学残留物质依然向湖水中渗透。但是，这种通过最小干预思想以维护场地自然的生长净化过程的做法，被认为是工业遗迹污染修复中，最早使用生态学原理支撑的软技术处理手段和最先采用植物修复技术的先驱。

西雅图煤气厂工业景观公园设计成功的一个重要因素是，并没有将遗弃的工业建筑理解为静止的符号，而是赋予它们新的功能，并使之作为重新理解人与人、生活与生产、工业与自然、历史与发展等多重冲突和谐消解的场所。设计者作为一个客观存在的历史价值挖掘者和独具视角的美学阐释者，通过最小干预的设计手法，促进场地自我进化；公众也不再仅是最后产品的接收者，而是作为参与者，

① 朱怡晨、李振宇：《西雅图煤气厂公园：从滨水工业遗址到都市景观公园》，《澎湃新闻》2016年12月15日。

从项目筹划便介入讨论，与设计师、城市规划管理者一同畅想工业遗迹更新改造的未来。公园自1975年正式对外开放起，便引起广泛关注。作为滨水工业遗址转化为城市公园的先驱，它开创性地保留并适应性地改造工业历史建筑，通过生态修复的手段，最大可能地保存场地的历史特征。而设计师以“阐述”的态度，结合公众参与而形成的自我修复模式，直至40多年后的今天，仍具有学习借鉴意义。

德国鲁尔区北杜伊斯堡景观公园被认为是工业遗产和公园结合的典范。公园位于杜伊斯堡市北部，占地面积约2.3平方千米。该景观公园主要是利用原蒂森公司拥有百年历史的梅德里希钢铁厂遗迹建成。该钢铁厂1903年建成，曾是一个集采煤、炼焦、钢铁于一身的大型工业基地。1985年，由于欧洲钢铁市场整体产量过剩而关闭，曾经与杜伊斯堡市共存了大半个世纪的工厂面临着拆除或保留的抉择，最终城市选择了后者，对工业遗迹予以保留，赋予其新的功能，并在景观美学意义和生态特质上加以强化。1989年北莱茵—威斯特法伦州政府机构在一项房地产基金的支持下购买了钢铁厂的用地，组建了开发公司；杜伊斯堡市也调整了规划，将用地性质转化为公园用地。这样该工厂改造项目被纳入“国际建筑展埃姆舍公园”计划“绿色框架”主题下的景观公园系统中，作为前期的探索性重点项目，并于1990年举办了国际设计竞赛，1991年竞赛结果公布，彼得·拉兹事务所的方案以其新颖独特的“后工业景观”设计思想、手法和现实可行的实施对策而最终获胜。

北杜伊斯堡景观公园最突出的特色是强调工业文化的价值，体现在对废弃工业场地及设施保护与利用的理念和对策上。设计者认为，废弃工业场地上遗留的各种设施（建筑物、构筑物、设备等）具有特殊的工业历史文化内涵和技术美学特征，是人类工业文明发展进程的见证，应加以保留并作为景观公园中的主要构成要素；要对原工业遗址的整体布局骨架结构（功能分区结构、空间组织结构、交通运输结构等）以及其中的空间节点、构成元素等进行全面保护，使旧厂区的整体空间尺度和景观特征在景观公园构成框架中得以保留和延续；通过对场地上各种工业设施的综合利用，使景观公园能容纳参观游览、信息咨询、餐饮、体育运动、集会、表演、休闲、娱乐等多种活动，充分彰显了该设计在具体实施上的技术现实性和经济可行性。

该园是把工业建筑与公园相结合进行设计，将工业遗产与生态绿地交织在一起，公园与其原用途紧密结合。在工业建筑部分，原有的工业厂房被有计划地进行改建。游客可以在巨大的高炉和料仓之间步行，该处炼焦厂原来的料仓被改建为攀岩设施，原来用来堆放铁矿砂的混凝土料场改建为儿童游戏场，而原来的冷却池经过景观恢复，成为清澈的水面，废旧的贮气罐被改造成潜水俱乐部的训练池，原来的锅炉房被改建为餐厅。一些仓库和厂房被改造成迪厅和音乐厅，甚至交响乐这样的高雅艺术都开始利用这些巨型的钢铁冶炼炉作为背景，站在公园内可以俯瞰整个鲁尔工业区。这项景观设计的意图是以大型的工业设备为依托，为游客营造独特的体现后工业景观文化的空间环境。1994年夏天公园首次对公众正式开放，好评如潮。公园设计者彼得·拉兹先生因其在项目中的卓越工作成果而于2000年获得第一届欧洲景观设计奖，并被尊为后工业景观设计的代表人物，北杜伊斯堡景观公园则被誉为后工业景观公园的范例。①

3. 创意园区模式

为了使工业遗产保护与利用在经济上获得平衡，一些具备独特建筑结构和气质的工业遗产通过嫁接新的产业来发挥它的最大价值。作为创意经济时代的领军产业，创意产业对于改造城市面貌、优化城市布局、助推城市经济具有积极作用。因此，创意产业园区模式在国外工业遗产保护与利用实践中蔚然成风。由于创意产业在英美两国较先发展起来，且其又拥有最为丰厚的工业经济基础，所以利用工业遗产发展创意产业的典型案例主要集中在英美两国。

美国纽约苏荷（SoHo），即 South of Houston Street 之英文缩写，位于美国纽约市曼哈顿岛的西南端，占地不足0.17平方英里。这里包括了以格林街为中心的3

---

① 马航、苏妮娅：《德国工业遗产保护和开发再利用的政策和策略分析——以北威州鲁尔区为例》，《南方建筑》2012 年第 1 期。

条街道，是19世纪中叶工业化时代兴起的工业区之一，曾经兴建了大量的以精致铸铁工艺为建筑材料的厂房，不少街道保留着19世纪的鹅卵石地面。第二次世界大战后，纽约市的制造业衰退，苏荷区的制造商也纷纷搬离，留下的大车间因不适合居住而大多空闲。那些满脑子有理想才华但还不名一文的青年艺术家们发现了这片净土，铸铁建筑租金低且有足够大的空间，正好适合自己的工作，他们把这里稍加改造就变成生活空间和艺术工作室，俗称“统楼房”（Loft），进行艺术创作、作品展示和交流聚会活动。20世纪五六十年代，美国艺术新锐群起，各地艺术家以低廉租金入住该区，眼光敏锐的画商在该区先后设立画廊，原在高级街区的不少老字号画廊也相继移来。世界现代艺术史的大师级人物如沃霍、李奇斯坦、劳森柏格、约翰斯等都是那里的第一代居民。灵感和思潮的聚集与碰撞在短时间内产生了大量影响和领导当代艺术潮流的著作，当代艺术就此发端。

当时，美国处于经济高速发展过程中，垄断资本空间的扩张往往要求占据城市中心的优越地段，移平内城贫民窟而代之以商业用地就成为当时最行之有效的方法。20世纪60年代初，苏荷区被大财团计划整体推倒重建，新建大公司和大银行的办公楼和豪华公寓，这一计划遭到当地艺术家、社区居民、环保团体等公众的强烈反对。迫于压力，1969年市政府最终作出具有高度文化远见的决定：全部保留苏荷区旧建筑景观，并通过立法予以保护。1973年，苏荷地区被联邦政府列为历史文化保护区，这是世界上也是美国历史上首次将旧工厂旧仓库列为文化遗产，并得到法律的保护。此后，纽约市政府与规划、立法部门制定了一系列的法规，在社区居民的直接参与下，出台了“以旧整旧”的改造政策。其整体思想是充分利用苏荷区原有的文化氛围，做到高雅艺术与大众消费的结合，做到政府主导与企业参与的协调合作。在该政策的指导下，人们成功地改造了苏荷区，从此一个承旧启新的苏荷在纽约市诞生。20世纪80年代，苏荷的画廊逾千，艺术家逾万，“新美术馆”及世界顶级现代艺术馆哥根汉姆下城分馆先后落成，书肆、餐馆、咖啡座、时装店生意兴隆，一派文化气象，形成了独具特色的“苏荷模式”。20世纪90年代，曼哈顿苏荷区成为声名远扬的高端奢侈品消费场所，并最终带动当地房地产热，苏荷区租金飙升，过度繁华，艺术的活力与纯度不复当年，这个最初的艺术中心也逐渐演变成昂贵的商业中心和旅游中心。[①]

英国伯明翰创意园区位于伯明翰市中心地区，距伯明翰中央火车站不足1千米，属于伯明翰市中心步行区域的范围，是欧洲最大的独立创意产业园区，在2005年被英国建筑与建成环境委员会评为英国十大适宜工作的场所之一，创意产业园的可用建筑面积约为3万平方米，容纳了来自世界各国的1000多位创意工作者，是欧洲最大的文化创意产业独立综合体之一，也是伯明翰城市再生的发源地。

伯明翰创意园区中心地区的伯德奶油冻工厂创建于19世纪中期，创始人是一名药剂师阿尔弗莱特·伯德，其生产的奶油粉和果冻布丁曾经一度畅销全英。19世纪末，伯德先生的两个儿子在伯明翰的底格贝斯街区建设了具有视觉冲击力的大规模赤红色厂房区——“德方谢尔之家”。20世纪80年代，伯德奶油冻工厂受到工业萧条和产业结构调整的影响而陷入衰败，曾经一度繁华的底格贝斯街区也逐渐陷入萧条。1989年，伯明翰的城市议会委派欧洲最大的文化规划咨询机构Comedia 来研究这一街区的再生措施。Comedia 提出建设创意产业园区的设想，并将奶油冻工厂作为其中最重要的一个项目。虽然创意产业园区的设想是由伯明翰市政府提出的，但整个项目从开发到建设实施则都是由英国的一个私人开发公司“艺术与创意产业促进会”（SPACE）来完成的，SPACE 公司在伯明翰的城市再生中发挥了关键作用。

1989年，在 Comedia 报告刚刚公布不久，SPACE 公司的创办人本尼·格雷就收购了奶油冻工厂，并将其纳入大伦敦市场的开发项目。他首先对“斯科特之家”进行整修，提供了200个面积从10平方米至140平方米大小不等的艺术工作室，还提供了影剧院、餐厅、画廊、小商店等附属公共设施场所。同时，他还通过组织

---

①《美国纽约苏荷区旧城改造》，2014 年 9 月 28 日。http://www.archcy.com/focus/redevelopment/3e8dadc57ef661c4.

地区文化活动来吸引外来艺术家和创意机构团体，前期通过低廉的租金吸引。之后营销活动时，就有1000多名艺术家对其表现出浓厚的兴趣。创意产业园区主要运作模式是租赁场地，由个体商业者独立经营，目标是促进创意产业的聚集，形成文化产业网络，以形成可持续的地方创意产业市场的良性循环，同时催化街区再生和发展。该地区通过对老工业建筑的文化再利用刺激了地方就业和经济，吸引了大量的外来人口，使得原本已经破败萧条的底格贝斯街区恢复了生机与活力。

伯明翰创意产业园区的形成过程也是推动底格贝斯街区和伯明翰城市再生的过程，文化在推动再生和加速发展中发挥了积极作用。目前“斯科特之家”的改建已经完全竣工，并且全部的场地空间都已经有艺术家进驻。创意产业园中其他的艺术画廊、戏剧院、舞厅、传媒工作室等也都取得了良好的投资收益。为了提高创意产业园的影响力，伯明翰创意产业园还与欧美各国建立了密切的文化合作，交换工作室和出借文化设施等。作为“欧洲最大的独立创意产业园区”，奶油冻工厂街区的发展引起了世界各地的关注，吸引了各地的艺术家、政府官员、规划师、文化管理者，成为世界各地城市再生和建设创意产业园区的典范。①

4. 综合开发模式

由于工业遗产的类型和保存情况的多样性，决定了其保护与利用模式不会是单一的，并非所有的工业遗产都需要设立博物馆加以保护，也不是所有的工业废弃地都必须改造成景观公园，更多的情况是在城市更新过程中，许多工业遗产是通过综合经营开发的方式，通过合理改造和利用，转换使用价值，兼顾社会各方的利益诉求，达到发掘工业遗产经济和社会价值，继续为社会提供综合效益的目的。

英国阿尔伯特码头区的再生是一个工业遗产综合开发历时较长，过程曲折、成果颇丰的案例。阿尔伯特船坞是利物浦港口南码头区的核心部分。基于其在利物浦

---

① 杨继梅：《城市再生的文化催化研究》，博士学位论文，同济大学建筑与城市规划学院，2008。

城市发展中的贡献以及杰出的建筑学水准，1950年建筑登录工作伊始，阿尔伯特船坞的遗产身份就很快得到了认定。仓库群在1952年成为最高级别的 I 级登录建筑。1981年3月成立的默西赛德郡城市发展公司（Merseyside Development Corporation，MDC）被视为利物浦城市再生的新起点。1983年，以 MDC 主导的阿尔伯特船坞修缮工程正式开始。MDC 计划出资925万英镑用于基础设施改造，包括新的船闸门和场地的景观整治。此外，由于改造为博物馆是英国工业遗产保护中的常见做法，一方面，利物浦市议会与 MDC 将航海博物馆从之前的馆址迁入阿尔伯特船坞中，另一方面，MDC 也与泰特艺术集团积极洽谈开设艺术馆的可行性，最终成立了泰特利物浦分馆（Tate Liverpool）。1984年的帆船赛事使阿尔伯特船坞重新引起西方世界的关注。之后阿尔伯特船坞仍然持续进行修缮与改造工作，以适应各种新的使用功能。1988年5月24日，阿尔伯特船坞正式重开，查尔斯王子为泰特利物浦美术馆工程奠基和阿尔伯特船坞的重生一起揭幕。阿尔伯特船坞的文化旅游功能随着“甲壳虫乐队故事”纪念馆（Beatles’ Story Museum）的开放（1990）、泰特利物浦美术馆的对外开放（1992）逐渐确立。1998年之后，阿尔伯特船坞仍然得到继续的精心修缮，并不断调整内部功能，以符合其文化旅游休闲综合体的定位。2003年全部空间都得到了再利用，底层的功能以纪念品零售、餐饮、酒吧为主，除去几家已有的大型文化设施——泰特利物浦分馆、航海博物馆，又增加了国际奴隶制度博物馆（International Slavery Museum），二层则为办公和两家不同标准的酒店。2007年，阿尔伯特船坞管理公司又开始新一轮功能调整，将餐饮、酒吧的比例增加，以区别于其他市中心的零售为主的功能定位。而随着遗产保护意识的增长，2003年利物浦市政府将阿尔伯特船坞保护范围从原先的3个船坞地块（坎宁—阿尔伯特—盐仓船坞）扩大为包含公爵船坞和沃平船坞的新保护区范围。此次扩大正是为了利物浦将其历史船坞系统与商业中心地区等6个主要历史街区一起申报世界文化遗产地项目。2003年，利物浦击败了伯明翰、卡迪夫、纽卡斯尔、牛津和布里斯托等竞争对手，当选2008年的“欧洲文化之都”（European Cultural Capital）。2004年利物浦的“航海商贸城”（Maritime-Merchant）历史地区又被评为 UNESCO 世界文化遗产，正是其“最大、最为完整的历史船坞体系”成为利物浦曾经作为杰出商业港口城市的完美佐证。经过多年的“遗产引导城市再生”的实践，利物浦的城市形象终于从负面之中重生，阿尔伯特船坞的旗舰作用功不可没。①

奥地利维也纳煤气厂项目也是一处著名的工业遗产进行综合物业开发模式的案例。作为奥地利最重要的工业建筑遗产，煤气厂的这4座煤气塔建于1896—1899年，是欧洲最古老、最大的煤气塔，每座塔直径64.9米，高72.5米。在进行改造时，设计人员巧妙地将这个“无用”的煤气塔转变成了激动人心的“煤气厂城”。这个新“城市”有9.23万平方米，615套公寓、一个青年旅社、一个托儿所、1.1万平方米的办公楼、一个三层高的商业中心、一个含15幕电影院和3000座音乐厅的娱乐综合体。3000辆车位的地下停车场通向名为“煤气厂”的地铁站。设计者在完成历史性建筑改建再利用的同时，恰当地保留了原有建筑在环境中的中心地位，使得原来大体量的建筑形体转变成为多功能、高效率的城市综合体。历史性建筑在被重新利用的同时得到了永久的保护。②

日本北海道小樽市的小樽运河和石造仓库群，是为了当年进出小樽港激增的货运吞吐量而采用填海方式所兴建，1914年动工，1923年开通。小樽三面临山，一面临海，海湾港阔水深，是天然的良港，运河沿岸排列着建于明治、大正时期的石造仓库，是小樽市作为日本北海道金融、经济中心的象征，最繁华的时候，小樽甚至被视为北海道的商业中心，被称作“北海道华尔街”。第二次世界大战后，小樽港因不再是北日本海运输中心而逐渐沉寂，运河、仓库区与沿岸的古老商店街也相对没落，许多古老优雅的建筑在市民增筑改建风潮中遭受到破坏。近十几年来，在小樽市城市建设现代化过程中，有人多次提出废掉这条河，但多数有识之士将它视为北海道的重要文化遗产，极力反对废河之议，运河和石造仓库

---

① 董一平、侯斌超：《英国工业建筑遗产保护与城市再生的语境转换——以阿尔伯特船坞地区为例》，《城市建筑》2012 年 8 月。

② 苗琦、陆伟：《关于历史性建筑改造与再利用的思考》，《新建筑》2007 年第 3 期。

群最终被保存下来。如今，经过仔细规划整治，石造仓库建筑被改造成了玻璃工艺品商店、茶馆、餐厅和大型商铺等。那些安静流淌的运河、废弃的仓库等公共设施，被当地人巧妙地加以改造，最后把小樽变成了一座冬雪浪漫的小城。[①]小樽运河不仅保留原来的风貌，更增添许多浪漫美丽的设计，其中63座造型典雅的瓦斯灯，每到黄昏时搭配上夕照、水影与石墙，所营造出的迷人景色已经成为小樽的招牌风光，这里已经变成了每年吸引900多万游客的旅游胜地。

综上所述，以上这些国外工业遗产保护与利用产生较大影响的案例，主要是以英国、美国、德国为首的西方工业发达国家居多。这些国家在历史上最早开始了工业革命，实现了工业化大生产，创造了巨大的社会财富，也遗留了丰富的工业遗产。这些国家较早关注和研究工业遗产，因此在工业遗产保护与利用方面走在了世界的前列。同时，我们也应该看到，工业遗产保护与利用的模式并不是单一的，在具体工业遗产保护与利用实践中，这些模式都是你中有我，我中有你，相互存在的。不同的是，每一项成功的案例都表明，最适合的那种方式就是抓住了工业遗产所特有的、独具的历史、文化、景观、艺术等价值，并用最合理的方式表达出来，最大程度发挥了工业遗产的潜在价值，在保留工业遗产的同时，又有益于当代人的生活。这些经验对我国在之后进行的工业遗产保护与利用实践中，提供了良好的借鉴和指导作用。

二、国内工业遗产保护与利用模式及案例

1. 工业博物馆模式

进入21世纪以后，我国对工业遗产保护工作逐渐重视起来，一些工业发展历史悠久的地方政府和著名企业，结合自身工业遗产资源保存状况，开始运用博物馆模式保护工业遗产，开创性地进行了一些有益的保护实践。由于借鉴国外工业博物馆模式的特点和经验，近些年建成的中国工业博物馆、柳州工业博物馆、秦皇岛市玻

① 申晓勤：《北海道小樽　玻璃王国和冬季浪漫之城》，《城市地理》2018年3月。

璃博物馆等，在保护和展示工业遗产方面都具有一定的创新性和代表性。

中国工业博物馆位于辽宁省沈阳市铁西区卫工北街14号，北一路与卫工街路口西南侧，它是国内首家以综合性工业实物藏品为题材的国家级博物馆，由沈阳铸造博物馆扩建而来。沈阳铸造厂前身为日资高砂磨钢带制作所，建于1939年。1948年沈阳解放以后，高砂制作所、松田制作所、津村制作所等7家日本企业合并建立了沈阳第二机器厂，1956年定名为沈阳铸造厂。1985年最大产量达38500吨，生产铸件上万种，是亚洲最大的铸造企业。在铁西区企业“东搬西建”过程中，沈阳铸造厂也在拆迁之列。2007年工厂整体迁往沈阳经济技术开发区。铁西区将该厂大型的一车间保留下来，并将其改建成一座集中展现东北老工业区工业文脉的铸造博物馆。经过一段时间的准备，铸造博物馆于2007年6月18日开馆。博物馆近2万平方米的主体建筑，基本保留了原铸造厂一车间的原貌，馆内存放钢水包、铸件、设备等实物，展示了七大铸造工艺流程，并运用大量的图片、文字和音像，形象地再现了铸造厂车间工人生产时的场景。

中国工业博物馆是在原铸造博物馆的基础上改扩建而成，2012年5月18日正式对外开放。博物馆采取新老结合的方法，在原馆北侧筑起新馆，体现了新老同根，中国工业一脉相承的建筑理念。博物馆（一期）总占地面积8平方千米，总建筑面积6万平方米，建有通史馆、铸造馆、机床馆以及铁西区十周年成果展馆等。中国工业博物馆从全国各地，包括上海、北京、内蒙古等22个省区市及香港特别行政区，征集的文物标本已达1.6万余件，已经陈列展出的实体文物有1300多件，文物年代从商代至今，跨度4000多年。其中，不乏一些“世界之最”和“新中国第一”，如：世界最大口径的铸管（直径2.2米），世界最大的超高压断路器壳体（铝合金铸件、重2吨），世界最大的礼车横梁铸件（重115吨），世界上最薄的铸件、（0.38毫米）；中国第一个铸造用机械手、第一根超高压管的样管、第一台万能钻床，第一个自主研发的管模、第一台精密丝杠机床、第一台八轴立式机床、第一台五轴联动机床等。目前开放的四个展馆，各具特色。通史馆，位于新馆第一层，展陈面积2300平方米，是中国工业博物馆的综合展馆，也是其他各展馆的浓缩与升华，整体上展示了中国工业文明的发展历程。它采用了中国和世界工业双线并举，又兼有侧重的陈列方式，对比突显出中国工业文明的特点。机床馆，也位于新馆一层，展陈面积2300平方米，以中华人民共和国成立以后中国机床工业为重点，从最早用木头做的机床，到先进的八轴数控机床，采用实物与模型相结合的陈列方法，让观众了解作为工业基础的机床的样子和工作方式。铁西十周年成果展馆，位于新馆二层，展陈面积700平方米，展示了铁西区十年来东搬西建，改革工业企业旧体制，建设宜居新城市的辉煌业绩。铸造馆，位于铸造博物馆原址，展陈面积8000平方米，基本保持了原铸造厂翻砂车间原貌，该馆全面展示了一个大型铸造车间应有的全套设备，以及铸造工艺的发展历史和流程。

中国工业博物馆在承担工业藏品保藏和对观众进行宣传教育职能的同时，进一步完善博物馆的学术研究功能。在建馆之初，就注意加强和行业协会的合作，2011年9月22日，铁西区政府已与中国铸造协会正式签订“联办中国工业博物馆铸造馆协议”，探索联合办馆的新模式，并在一期工程后，举办各种全国性的行业会议和论坛等学术研究活动。同时，中国工业博物馆又分别与中国工业史料研究中心、中国铸造协会共同创办和编撰了《中国工业博物馆通讯》《中国铸造史》等学术期刊和著作，以此提升中国工业博物馆的文化品位，打造全国一流品牌场馆。①

柳州工业博物馆坐落于柳州市鱼峰区文昌大桥东侧南面，与窑埠古镇隔街相望，临柳江河东堤，依山傍水，风景秀丽，是国家AAAA级景区。柳州在漫长的工业发展历史进程中，留下了丰富和珍贵的工业遗产。2009年，柳州市委、市政府作出了“文化建设十大工程”的重要决定，提出利用老厂房建设柳州工业博物馆的构想，最终在原市第三棉纺厂旧址上利用旧厂房改建柳州工业博物馆。

2012年5月1日，柳州工业博物馆建成并对外开放，总占地面积将近11万平方

---

① 王闯：《试论“中国工业博物馆”的建立与发展——以沈阳老工业基地为背景》，辽宁省博物馆馆刊2012年。

图 5–5 柳州工业博物馆（黄劲 / 摄）

米，总建筑面积超过6万平方米，填补了广西工业类博物馆的空白，成为广西乃至全国第一所城市综合性工业博物馆。博物馆征集到各类大小工业遗存实物6224件，各种文献资料、图片11645件，集工业历史展示、工业遗产保护、科学知识普及、旅游休闲于一体。① 博物馆由工业历史馆、生态宜居馆等主题展馆及室外园区组成。主题展馆展现了柳州工业100多年来，从无到有、从弱到强的发展历程，体现出艰苦奋斗、自主创新的“柳州精神”，以及柳州工业实力和柳州骨干企业时代风采。园区分为室外展区、景观区和服务区，集中突出了观赏、旅游、休闲、购物的功能。以仿柳州钢铁厂60年代1号高炉建筑为室外景观区视觉中心，配以室外老式蒸汽机车、内燃机车、大型装载机、3000吨汽车纵梁油压机，以及化工、纺织、车床等大型展品，营造出了浓郁的工业氛围，突出了工业旅游观光的特点。

秦皇岛市玻璃博物馆是在河北省第五批文物保护单位——耀华遗址上建立

① 黄劲：《抢救工业文化遗产 传承工业历史文化彰显工业名城魅力——原柳州市第三棉纺厂改建柳州工业博物馆》，《广西城镇建设》2014 年 3 月。

起来的一座工业博物馆。1921年，我国著名实业家周学熙与比利时伍德米财团共同出资，在秦皇岛创建了耀华机器制造玻璃股份有限公司。其玻璃产品远销海外二十几个国家，产量曾达到我国玻璃使用量的三分之二。2001年，随着城市的发展，耀华玻璃厂东厂区整体“退城进郊”，原有的工业建筑失去其本身的功能，大量旧厂房面临被拆毁、遗弃的命运。为了记录这段历史，保护城市文脉，在秦皇岛市委、市政府的大力支持下，玻璃厂一些有价值的历史建筑被保留下来，成为研究中国近现代工业历史的重要佐证。这些历史建筑包括电灯房、水泵房、水塔等，由当时的外国建筑师设计，具有法国哥特式建筑风格。

2004年，耀华遗址被公布为市级文物保护单位，以遗址为依托的秦皇岛市玻璃博物馆建馆议案通过。按照规划，利用遗留的历史建筑电灯房改造成为博物馆的主展馆，水塔、水泵房设为博物馆园区的景观建筑，建设一座充分展示我国玻璃工业历史及古玻璃文化、有秦皇岛地方特色的我国第一家国有玻璃博物馆。2008年，耀华遗址被公布为河北省第五批文物保护单位。同年1月，玻璃博物馆的建设拉开序幕。2012年8月6日，秦皇岛市玻璃博物馆正式开馆，占地面积7512平方米，建筑面积 2822平方米。主展厅1500平方米，展线长度333米，展出展品842件（组）。展览以“天地凝光”为主题，分为“古代玻璃及发展”“中国玻璃工业的摇篮”“中国当代玻璃工业”“璀璨神奇的玻璃世界”四个展区。遗址建筑即为可观赏景观，与展馆内部的展览一脉相承，互为衬托。园区内设有相应的导览系统，向游客详细介绍建筑功能、历史沿革。开馆一年来，共接待游客15余万人次，广受各界好评，收到了良好的社会效益。①

2. 景观公园模式

工业遗产地被改造为景观公园主要以改善生态环境为出发点，对工业生产活动对生态环境造成的破坏和污染进行修复，并被公益性再利用。这种工业遗产利用模式为工业衰退所带来的社会与环境问题找到了一条可行之路，用相对经济的

① 杨欢、陈历辞：《秦皇岛市玻璃博物馆与工业遗产保护》，《文物春秋》2013 年第 4 期。

手段获得社会和生态的最大效益，往往会受到社区居民的欢迎。在这样的景观公园中，人们可以看到人类的社会活动发生的巨大变迁，将历史上辉煌的工业文明改造融入现代生活中，在满足人们对绿色生态空间需求的同时，还可以欣赏工业遗产所特有的美学价值和艺术价值，实现工业遗产所具有的场所精神，延续工业遗产价值。工业景观公园模式是国内较早进行工业遗产改造利用的方式。2001年，中山市政府将粤中造船厂改造为中山岐江公园；2005年，武钢集团将大冶铁矿改造为国家矿山公园。这两例工业遗产成功改造的案例具有典型的示范意义。

中山市岐江公园位于中山市粤中造船厂旧址，北接商业繁华地段，东临岐江，位于城市干道，交通便利。粤中造船厂建于1953年，在当地工业发展史上很具代表性，后来由于不能适应现代造船业的潮流，濒于停产。船厂经历了中国工业化近半个世纪的艰苦历程，为该市的工业发展做了很大的贡献。20世纪80年代末至90年代初，随着经济的发展，珠三角的公路网络迅速发展，作为当时主要交通工具的船舶逐渐退出了工业历史的舞台，工厂随之衰落。1996年粤中船厂经历了中山市旧城改造的浪潮，因为船厂位于中山市的商业繁华地段，破旧不堪的旧厂房严重影响了该地区的环境景观质量，与岐江河的沿岸景观格格不入。但破旧的船厂厂区和车间却充分体现了中山市近半个世纪的工业发展轨迹，后来经过公众积极参与和激烈的争论后，中山市政府决定建造一座再现造船主题的休闲观光全开放式城市公园，并委托北京大学景观规划设计中心暨北京土人景观规划设计研究所对其进行设计。

岐江公园总占地约11公顷，水体占总面积的35%，分为南北两大部分。北部保留的船厂构筑物居多，如用红色钢板围合的红盒子景观，由圆柱排列而成的柱阵景观，原来造船厂的烟囱也被设计成一个有特色的景观。北部大部分船厂的构筑物被很好地保留和利用了起来，集中体现了岐江公园要表达的文化内涵。公园南部以自然乡土景观为主，主要体现“足下的文化”设计主旨。南北两大部分由人工湖连接而成，人工湖与岐江相接。为了保护船厂原有古榕树和满足河道排洪的需要，在公园的东区设置了内渠，这样的设计不仅利于岐江的排洪，而且对植物起到了很重要的保护作用。

岐江公园的规划设计方案借助生态恢复与再利用的后工业景观改造设计思路，参考国外的典型代表作品，如美国西雅图炼油厂公园和德国的钢铁城景观公园，借鉴一些引领现代景观设计思潮的优秀作品，把生态恢复以及废旧再利用的理念运用到了这次项目中。设计师提出“放弃了极端的保护和环境主义的途径，而强调了文化内涵的挖掘和通过设计来体现自然和普通的美”①。在总体规划上，紧紧围绕船厂的历史文脉与内涵，以“点、线、面”的规划模式进行整体设计，利用直线路网连接各重要景点，五角星路网的设计隐喻了船厂诞生的意义，同时路网的简洁形式迎合了公园“工业之美”的设计主题。公园大型景观集中分布在北区，占公园景观约70%，具备大部分的功能性空间。设计师在对构筑物再利用的基础上，集中表现船厂的文化内涵，有的景观设计成动态形式，有的则保留了原有的构筑物围合的空间。公园北部的铁轨、烟囱、船坞、水塔、柱阵、红盒子等，分别运用了不同的设计手法，如柱阵的排列运用了极简主义景观设计的手法，将溪石处理成“地形小品化”，把大地艺术景观很好表现出来。在公园南部的设计处理上主要为“疏林式自然景观”，对公园原有乡土植物进行生态保护，这样南北形成很好的对比而又相互呼应，相隔中间的水面又起到分割和连接南北两部分的作用，如此形成一虚一实、一阴一阳的规划特点。②

岐江公园在设计形式上并没有因为局部和总体布局存在的差异显得琐碎和杂乱，相反，公园的总体和局部之间达到互相呼应和融合的效果，丰富了公园的功能性和历史内涵的表达。通过视觉和空间的体验，表现出了近半个世纪的旧船厂的场所精神和历史文脉。通过借鉴后工业景观设计中新颖的设计手法和设计思想，在景观实践中深层次地发掘地域性格，满足人们对景观的功能需求和精神需求。岐江公

① 俞孔坚，庞伟：《理解设计：中山岐江公园工业旧址再利用》，《建筑学报》2002 年 8 月。

② 俞孔坚，庞伟等：《足下文化与野草之美——产业用地再生设计探索》，中国建筑工业出版社，2003。

园的成功改造，不仅焕发出自然生态的园林之美，更展现出现代工业之美，成为当地人们一个休闲度假的好去处。①

黄石国家矿山公园位于湖北省黄石市大冶武钢矿业公司大冶铁矿内，占地面积2320平方千米。大冶铁矿自公元226年开采，有1700多年的开采历史，是一个多金属的大型铜铁矿山，更是一个矿冶文化底蕴深厚的古老矿山。进入21世纪，随着东露天采场闭坑，矿石产量锐减，矿区开始面临经济结构转型和生态环境建设的双重压力。为此，该矿积极申报建设黄石国家矿山公园，启动深度开发矿产资源、深度开发文化资源的“双深战略”，确定了“建设可持续发展的文化矿山”的战略目标，把一个资源逐年减少的百年老矿逐步打造成为资源富矿、经济强矿、文化大矿，实现经济文化的全面复兴。

黄石国家矿山公园将具有3000多年历史的全国重点文物保护单位——铜绿山古矿冶遗址纳入其中，形成大冶铁矿主园区和铜绿山古矿冶遗址区的“一园二区”的总体规划。2005年顺利通过省级和国家矿山公园评审，成为全国首批、湖北唯一的国家矿山公园。大冶铁矿拥有十大亮点：一是中国第一家用机器开采的大型露天铁矿；二是亚洲最大最早的钢铁联合企业——汉冶萍公司的一个主要组成部分；三是张之洞创办洋务企业唯一保留下来仍在正常运作的一家企业；四是一代伟人毛泽东视察过的唯一一座铁矿山；五是中国第一支大型地质勘探队——429地质勘探队在这里成立，中国第一批女地质队员在这里诞生；六是中国最早聘请外国专家运用地质科学勘探发现的一家大型铜铁矿床；七是1923年1月，大冶铁矿矿工举行的下陆大罢工是中国第一次以胜利结束的大罢工，为京汉铁路“二·七”大罢工提供了组织经验；八是见证日本军国主义掠夺中国矿产资源的第一家铁矿山；九是经过多年开采，东露天采场形成落差444米的世界第一高陡边坡；十是坚持不懈进行绿化复垦，大冶铁矿已建成面积达366万平方米的亚洲最大的硬岩绿化复垦基地。十大亮点和公园建设“无缝对接”，把公园开发建设的着眼点放在弘扬矿冶文化，再现矿

① 卢美婷：《场所精神在中山岐江公园的表现》，硕士学位论文，广东工业大学，2014。

冶文明，展示人文特色，提升矿山品位，打开旅游新路上；定位在“科普教育基地、科研教学基地、文化展示基地、环保示范基地”上。在公园设计中，通过生态恢复的景观设计手法来恢复矿山自然生态和人文生态，充分展示具有数千年悠久历史的中国矿业文化，为人们提供一个集旅游、科学活动考察和研究于一体的场所，实现了人与自然和谐共处、共同发展的主题。

黄石国家矿山公园拥有大冶群标准地层剖面、大冶式矿床和石香肠3个珍稀级矿业地质遗迹，东露天采场、硬质岩绿化复垦基地2个珍稀矿业生产遗址，以及429地质队勘探设备、矿山开发史、张之洞建大冶铁矿3个珍稀级矿业活动遗址、史籍和人文景观。园内设地质环境展示区、采矿工业博览区、环境恢复改造区三大板块，以世界第一高陡边坡、亚洲最大硬岩复垦林为核心，划分为“日出东方、矿业博览、井下探幽、石海绿洲、千年古杏、灵山古刹、雉山烟雨、九龙洞天”等八大景观，使游客体验一场“思想之旅、认识之旅、探险之旅、科普之旅”，可满足不同层面、不同地域的游客求知、求新、求奇、求趣的需求。①

3. 创意产业模式

文化创意产业蕴含着巨大的经济效益和社会效益，尤其在现代城市发展过程中，发展文化创意产业是实现经济增长方式转变的重要方式。繁荣的文化艺术产业体现了一个城市的创新能力和文化活力，这种能力是体现大城市核心竞争力之所在。国内在进入21世纪以后，在新一轮经济大潮中，以北京和上海为代表的发达城市是最早将具有历史价值和文化价值的工业遗产进行创意园区开发的城市，其大规模的开发远远突破了国外创意园区模式的意义，创造了具有鲜明中国特色的文化创意产业模式。

北京798艺术区又称“大山子（文化）艺术区”，位于北京市朝阳区，是原718联合厂等电子工业的厂区所在地。此区域西至酒仙桥路，东至京包铁路，北

① 郭庆忠、滕建华、许士强：《建设矿山公园 弘扬矿冶文化——黄石国家矿山公园建设实践和启示》，《资源环境与工程》2008 年 6 月。

至酒仙桥北路，南至万红路，占地面积33.5平方千米，建筑面积23万平方米，由艺术家和艺术机构租用的建筑面积约12万平方米。其中，20世纪50年代建厂初期建造的建筑面积97229平方米（锯齿形包豪斯风格建筑19834平方米）。

798艺术区最具特色的建筑是包豪斯建筑。包豪斯是现代建筑的先驱，诞生于1919年，建筑风格实用、坚固、美观。798艺术区的包豪斯建筑风格工业厂房建成于1957年，是国家“一五”期间156个重点项目之一的718联合厂的主要建筑，由民主德国援建。现存有4处，建筑面积达9.3万平方米。这种厂房高大空旷，挑空10米以上，厂房整体框架为整体水泥浇筑，朝北的顶部是混凝土浇筑的弧形实顶，从外部看相连一起呈锯齿状，北面整体为斜面的玻璃窗，与北京传统风格建筑北面整体为墙、窗户一般开在南面正好相反，构成独特的视觉识别。包豪斯建筑的室内光线充足、稳定且柔和，没有阴影。798艺术区的包豪斯风格建筑考虑了备战的需要，屋顶很薄且有细缝，而骨架却非常结实，整体浇注，堪称工业发展史上的文物。该建筑类型在北京地区具有稀缺性。2005年，北京市政府根据北京市建筑设计院的建议，将包豪斯建筑列为优秀近现代建筑予以保护。

最初，根据北京市城市总体规划，798艺术区所在工业厂区的初始规划功能定位是电子工业园区。1994年设立北京电子城有限责任公司，规划改造和投资开发大山子地区；1999年北京电子城老工业基地纳入中关村科技园区，命名为电子城科技园；2000年年底在718联合厂基础上组建七星集团是798艺术区的业主单位，拥有产权，实际担负管理职责。如果没有艺术因素，798艺术区所在的区域将沿着建设电子城的方向，复制又一个中关村。798艺术区是两股力量良性互动的产物：一股是艺术家与艺术机构自然集聚的力量，一股是地方政府与业主的推动力量。两股力量紧密互动，共同演绎798艺术区的发展史。798艺术区的形成过程可分三个阶段。第一阶段为培育孵化期（1995—2003年）：1995年，中央美术学院雕塑系的部分教师租用798厂闲置仓库作为雕塑创作场所，从此开启了798老厂区向艺术区转变的序幕。2002年美国人罗伯特·伯纳欧租用798厂120平方米的食堂，改建艺术书店，标志着798艺术区第一个境外租户的落地。之后，2003年起艺术家与艺术机构成规模租用改造闲置厂房。此阶段艺术家与业主七星集团处于“蜜月期”，艺术家以适宜的价格获得创作和生活所需要的场所，七星集团则获得了不菲的租金收益，并且带动了厂区的人气与活力。第二阶段为争议发展期（2004—2006年）：围绕拆与不拆的争论，从798艺术区逐步升级到朝阳区、北京市，成为一个全国关注的文化现象，形成滚雪球效应；798艺术区连续三年举办民间性质的大山子国际艺术节，798知名度继续巩固扩大；798艺术区被北京市文化创意产业领导小组认定为市级集聚区，纳入规划，予以重点扶持。此阶段发展虽有争议，但在争议中富有戏剧性地加速发展，798艺术区知名度进一步提高，并经政府规划保留，升格为市级重点引导发展的艺术园。第三阶段为规范引导期（2007年至今）：798艺术区的艺术节由民间性质转变为准官方性质；在奥运因素的驱动下，798艺术区市政设施、文化环境经政府资金支持，面貌得到巨大改观；紧邻艺术区的北京时尚设计广场2008年被认定为市级文化创意产业集聚区，798艺术区的示范引导效应逐步显现，泛798艺术区的规模显著提升。

798艺术区作为一个工业区，它仍然是一个以工业生产为主的厂区，只不过是其中的一部分厂房因为淘汰或升级换代而闲置、腾退，为艺术机构和个体所租用改造，艺术生产占用的建筑面积与工业生产所使用的建筑面积各占一半。由此也形成一道独特的人文景观：工人、艺术家以及越来越多的游客一起出没于厂区；一些工厂车间继续从事生产，发出机器运转的混响，架在空中的管道冒着热气；一些工厂车间改造为艺术展示空间、酒吧餐厅，前卫而时尚的背景音乐不时从厂区胡同街道响起。城市中心区域的工业企业陆续搬迁后，工业环境的厂区在城市中心区域变得与众不同，特色的工业建筑越来越像博物馆。798艺术区的艺术机构将工业厂房改造成艺术展示场所，刻意保留建筑立面和工业机械的部件，不同时期刷在墙上的标语也尽量予以保留，在798艺术区可以触摸数十年的工业发展史，新兴的艺术产业与衰落的电子工业融合在一起，艺术生产与工业生产和谐共存。

21世纪以来，798艺术区成为北京最具工业传奇、艺术气息、城市活力、国际影响的区域，七八年间陡然由一个普通的军工编号转化为地标性的文化符号，由一个单位所有的封闭厂区转化为开放型的文化社区，由一个自发形成的艺术区转化为城市文化旅游的重要吸引物，并且富于戏剧性地快速纳入政府常态管理体制，成为重点规划建设的市级文化创意产业集聚区。①

上海莫干山路50号创意园区位于普陀区，苏州河南岸半岛地带。原厂房建于1933年，是近代徽商代表人物之一的周氏家族的产业。1937年筹建信和纱厂，解放初期改为信和棉纺厂，1962年改为上海第十二毛纺厂，1993年10月改为上海春明毛纺织厂。整个地块占地面积2.36平方千米，分布着从20世纪30年代到90年代不同时期的老厂房建筑，累计建筑面积3万多平方米，有砖木、砖混、钢桁架、排架等结构形式。整条莫干山路这一段的苏州河沿岸的产业建筑群和50号一样，都是当时上海民族工业的见证，近百年历史各时期的厂房建筑，反映了上海民族工业历史建筑的结构变化，也反映了上海近百年的历史文化。

2000年开始，一些画家们在苏州河沿岸的旧仓库西苏州河1131号寻找到那种积淀了历史情怀的令人无限遐思的工作室，开始了延续梦想的艺术生涯。2002年9月，因市政拆迁，西苏州河1131号和淮海西路艺术仓库消失的同时，莫干山路50号工业园区随着最初十几个画家的工作室和三家国内外画廊的进驻，一个更为庞大的艺术仓库群在这里兴起。2002年这里被上海市经委命名为“上海春明都市型工业园区”，后又几经更名，确定为“莫干山路50号——视觉艺术产业园”。几年来，这里引进了包括英国、法国、意大利、瑞士、以色列、加拿大、挪威等在内的17个国家和地区以及国内十多个省市的130余位艺术家涉及绘画平面设计、建筑师事务所、影视制作、环境艺术设计、艺术品（首饰）设计等行业。其中由瑞士人劳伦斯创办的香格纳画廊和由意大利人乐大豆创办的比翼艺术中心是目前国内最好的画廊，并在国际艺术界享有较高的声誉。

目前，十几位国内外艺术家的独立工作室分别在7号、8号、14号、19号、21

---

① 孔建华：《北京798艺术区发展研究》，《新视野》2009年1月。

图 5-6 上海莫干山路 50 号（许海军 / 摄）

图 5-7 上海莫干山路 50 号创意产业园（许海军 / 摄）

号楼，它们大多是一些20世纪30年代建造的形状和结构各异的砖木结构的尖顶屋，每个艺术家的工作室基本上保留或修复了原来的建筑风貌，并在此基础上根据各人的风格和品位形成了独特的艺术家的工作室群。这些艺术家及创意设计机构的入驻营造了苏州河沿岸浓厚的文化气息，众多的国内外游客慕名而来。M50吸引更多的创意大师入驻，打造国际化创意园区，并成功举办了2005上海国际服装文化节、2005时尚之夜、Creative M50、法国工商会、中国传统节日乙酉中秋论坛、宝马车展、诺基亚及西门子产品推广等一系列时尚活动，使之成为苏州河边独特的人文景观，成为上海时尚文化新地标。①

4. 综合开发模式

随着现代城市发展多元化趋势明显，综合开发模式逐渐成为工业遗产保护与利用采用较多的一种形式。综合开发模式不是单纯地对工业遗产进行公益保护，而是综合旅游、购物、娱乐、休闲功能于一体，在遗产保护、生态修复、环境保护、经济复兴和适宜人居等方面实现综合效益，有利于工业遗产的充分、合理利用，尤其是把工业遗产所涉及的相关各方紧密联系起来，发挥各方面的积极性，实现工业遗产价值的最大化。近年来，国内在进行工业遗产综合开发方面取得了不俗

① 韩好齐、徐峰、黄贻平：《上海近代产业建筑的保护性利用初探——以莫干山路50号为例》，《新建筑》2004 年第 6 期。

成就，收到良好效益。

上海国际时尚中心由原国棉十七厂改造而来，位于杨浦区东外滩板块的杨树浦路与黄浦江之间，东望黄浦江内唯一的封闭式内陆岛——复兴岛，西临上海最早的发电厂——杨浦发电厂，南依上海市的母亲河——黄浦江，北至蜜蜂毛衣厂原址，拥有得天独厚的地理优势。厂房多为单层，木柱木桁架的砖木结构，屋顶采用整齐的锯齿形设计，传递出别具风味的建筑形态。

上海第十七棉纺织总厂创建于1912年，前身为日商裕丰纱厂，1949年前就以生产著名的“龙头细布”闻名于世。1949年改名为“国营上海第十七棉纺织厂”。这里保存有22幢近15万平方米形态各异的历史建筑，这些建筑于1912—1935年间兴建，不仅见证了国棉十七厂的发展与变迁，也记录了一些特定时期的重大历史事件，具有重要的历史和文化价值。1999年9月，这些建筑被上海市人民政府评为优秀历史建筑。

为了积极响应上海市政府“退二进三”的政策，使原厂区基地在新时期发挥更重要的作用，上海纺织集团决心对国棉十七厂旧址进行改造。该改造项目以纺织产业为基本，以国际时尚潮流为先导，以历史建筑文化为底蕴，以时尚生活多元化品位为核心构想，是集时尚体验、时尚文化、时尚创意、时尚休闲、时尚炫动和时尚生活等多种时尚元素融为一体的示范性的国际时尚中心。2011年，改造后的上海第十七棉纺织厂成为上海国际时尚中心，这里的景观外墙为清水红砖，既保留了20世纪20年代老上海工业文明的历史年轮，又融入了当代时尚的审美。时尚中心按功能划分为时尚会所、多功能秀场、时尚精品仓、餐饮娱乐、酒店等。其中，1500平方米的多功能秀场可同时容纳800名观众观看时装秀，秀场后台可同时供300名模特、工作人员化妆候场，规模居亚洲之最；靠黄浦江一侧的卸货码头还被改建成了游船码头，观众可从外滩或陆家嘴乘船直抵上海国际时尚中心观看时装秀。

现如今上海国际时尚中心已成为规模最大、元素最为丰富的时尚园区。据介绍，现在园区包含时尚会所、多功能秀场、时尚精品仓、娱乐餐饮、创意办公室和设计师工作站等六大功能板块。其中，“多功能秀场”已成为上海乃至亚洲的一张新名片，先后举办或承办了来自澳大利亚、印度、日本、韩国、美国等世界各国及地区的上百场活动，同时作为上海时装周、上海服装文化节的长期承办地，为上海与国际时尚界提供了一个良好的交流平台，在上海向世界展示亚洲的时尚力量。①

2008年，青岛市提出了“环湾保护、拥湾发展”的新一轮发展规划明确指出：环胶州湾产业格局中的东海岸以第三产业为主，将建成以金融、信息、商务商贸、旅游等为主的现代服务业集聚地；四方、李沧至城阳环湾区域，积极实施老工业区的产业转型和空间重组，建设以高端生活性服务业、都市工业、总部经济、文化创意产业、海上旅游为主体功能，集工、商、住一体的现代化滨海城市组团。新规划不仅引导工业遗产开发扩大到四方、李沧的工业区，而且使项目的业态选择更加偏向文化创意产业、都市工业等新内容。在这一规划指导下，青岛市对各类工业遗产进行综合开发利用，并取得显著成果，陆续建成青岛啤酒博物馆、创意100产业园、纺织遗址公园等具有代表性的项目，为青岛市开展工业旅游、文化创意产业和城市发展战略奠定了坚实基础。

青岛啤酒博物馆是青岛啤酒厂早期建筑改造而成，位于山东省青岛市登州路56号，地处啤酒一条街中心地带，周围热闹繁华，距离浪漫的海滨和喧闹的台东购物圈仅一步之遥，交通十分便利。1903年，香港盎格鲁—日耳曼啤酒公司的德国商人与英国商人（以德国商人为主）合资在青岛岳鹤兵营旁（现登州路56号）创建日耳曼啤酒公司青岛股份公司，建造了青岛啤酒厂早期建筑，这是中国第一家啤酒厂。1916年9月，青岛啤酒厂转卖给日本的麦酒株式会社，为扩大生产，设备有所增加，但建筑主体大楼仍保持原貌。1945年抗日战争胜利被国民政府派员接管，更名为“青岛啤酒公司”。1949年 6 月初青岛解放，工厂由青岛市人民

---

① 周雯怡、皮埃尔、向博荣：《工业遗产的保护与再生 从国棉十七厂到上海国际时尚中心》，《时代建筑》2011 年第 4 期。

政府接管，工厂名称变更为“国营青岛啤酒厂”，50年代曾先后隶属于山东省烟酒专卖公司、国家轻工业部、食品工业部。1987年4月成为市直属企业。1993年6月成立青岛啤酒股份有限公司，更名为“青岛啤酒一厂”。2002年开始，青啤公司投资3500万元将老式德国厂房、古老文物进行了保护性修葺，2003年8月15日，老式德国建筑、大量历史文物作为工业旅游景点青岛啤酒博物馆的一部分正式对外开放。2006年5月，青岛啤酒厂早期建筑被国务院公布为第六批全国重点文物保护单位。

青岛啤酒厂旧址保留下来的早期两幢红色建筑，是当今世界保存不多的德国青年派风格建筑之一，具有很高的艺术美学价值，虽经历了百年的风雨，但仍旧保留初建时的面貌。1986年青岛啤酒厂建成的档案室对大量文物进行了抢救、保护，为日后青岛啤酒博物馆的兴建提供了大量翔实的资料。青岛啤酒博物馆是青岛历史上第一个工业改造案例，主体建筑由啤酒厂创建至今仍保留完好的办公楼、住宅楼和糖化大楼构成。改造后的博物馆占地面积15000多平方米，展出面积达6000余平方米，馆内陈列着大量具有较高文物价值的展品。陈展以尊重历史、挖掘历史、保护历史、再现历史为宗旨，同时综合专业性、国际性、前瞻性、趣味性于一体，以青岛啤酒的百年历程及工艺流程为主线，浓缩了中国啤酒工业及青岛啤酒的发展史，集文化历史、生产工艺流程、啤酒娱乐、购物、餐饮为一体，具备了旅游的知识性、娱乐性、参与性等特点，体现了世界视野、民族特色、穿透历史、融汇生活的文化理念。[①] 据相关报道，2017年青岛啤酒博物馆接待游客100万人，建成的啤酒文化产业园成为国家AAAA级旅游景区，工业旅游收入达7000万元，实现了经济效益和社会效益双丰收。

青岛创意100产业园位于青岛市南京路100号，原是青岛刺绣厂的旧厂房，占地面积近1万平方米，建筑面积约23000平方米。2005年，由青岛市市南区政府和

① 窦静静：《工业遗产改造中建筑文脉的表达与传承——以青岛啤酒博物馆为例》，硕士学位论文，山东大学土建与水利学院，2016。

青岛市工业设计协会牵头，在这里启动了创意产业园区的建设项目。随后，青岛麒龙集团作为投资商成立了文化有限公司，于2005年12月注入资金，开始了园区的建设。2007年11月正式开园，入驻企业62家。作为山东省首个创意产业园区，青岛市政府对其给予了足够的重视，将其列入青岛“十一五”期间发展创意产业的重点项目，目标是建成“以广告、设计、服装、影视等创意行业为中心，集办公、交易、展示、文化等功能于一体，融合商务、休闲、饮食、旅游等多元商业组合的文化创意产业集聚园区”。创意100强调其服务平台的性质。创意展示交易中心是依据原厂房加建的一个500平方米的空间，采用8米挑高设计，整体空间宽敞明亮，具有时尚特质，专注于为社会各界提供中小型时尚艺术发布场所和交易平台；创意市集致力打造的是一个可以充分开拓创意消费市场，市集内集聚了品牌定制、创意体验沙龙、茶吧、陶吧、酒吧、书吧等时尚店铺，也为园区设计师提供了休闲创意空间和相互交流、创意碰撞的平台；700平方米的大学生创业孵化器为大学生及初次创业者提供了创业服务、管理咨询、政务代理、税务代理、技术支持、市场经营服务和企业管理平台，并且提供共用的会议室、共用的办公设备、共用的前台接待等共享资源。除此之外，正在筹建的还有国际设计师电子网络信息交易服务平台、青岛现代美术馆（兼做时尚发布中心）和创意人才实训中心等主题功能区。自开园以来，园区也先后荣获了“2007中国最佳创意产业园区”“全国中小企业成长环境十佳特色园区”“2008中国最具投资价值创意基地奖”“2008中国创意产业十大品牌”“环渤海文化创意产业集聚区”“全国青年设计教育创新基地”及“山东省文化产业示范基地”“青岛市文化产业重点单位”“青岛市知识产权重点保护单位”等荣誉和称号。①

纺织遗址公园是在青岛四方区国棉五厂旧址上改建而成，位于四方区四流南路。青岛国棉五厂原名上海纱厂，1934年3月，由日商福昌公司建设，1935年5月1日正式建成投产。抗日战争结束后，1946年1月，中国纺织建设总公司青岛分公

---

① 朱亮、何川：《青岛创意100产业园》，《装饰》2009年第5期。

司接收上海纱厂，并改名“青岛第五纺织厂”。现名为“青岛纺联集团五公司”，简称“国棉五厂”。国棉五厂好像一面镜子，反映了青岛工业的沧桑巨变。厂内的宿舍、幼儿园、职工医院以及发电厂是日本遗留的建筑群，它们无言地记录着青岛的历史，是日本侵略青岛的见证，也是青岛历史的见证。

2009年4月，纺织遗址公园首个建设项目——青岛纺织博物馆，最先在国家AAAA级旅游景区青岛天幕城内开始筹建，同年开馆纳客。2017年9月29日，青岛纺织博物馆新馆在市北区四流南路80号纺织谷正式开馆。新馆的十大场馆分别为历史馆、好奇世界·纤维科技馆、纤维艺术馆、工艺大道、空调博物馆、消防博物馆、蒸汽馆、功能性纺织品展销馆、高端服装定制馆、大师工坊。和老馆相比，新馆的一大亮点就是融入创意，让纺织“活”起来。青岛纺织博物馆新馆项目一期投资4000余万元，按照国家AAAA标准规划建设，在纺织谷打造国内首家纺织主题动线博物馆和纺织遗址公园，园区内有青岛现存最早的铁路专线桥、工业水塔，体现青岛工业1.0印记的空调、消防设施以及青岛近现代纺织工业巨头周氏家族的百年金桂树等众多青岛纺织历史的有力见证者，本身就是一座天然的纺织遗址博物馆。青岛纺织博物馆作为青岛市市北区政府2017年重点推进项目，按照计划将建成全国唯一一处纺织工业遗址公园，将成为纺织谷的高端文化引领项目，并承担起传承纺织工业文明、青少年科普教育等职能，预计年接待游客40万人次。

综上所述，近年来在国家文化发展战略的指导下，我国对工业遗产的保护工作越来越重视，以北京、上海为代表的大城市和各地具有鲜明工业特色的地方政府对工业遗产进行的保护与利用实践，取得了相当大的成果，产生了重要的社会影响。但是，我们也应该清醒地认识到，中国工业遗产整体保存现状还比较脆弱，大多数地区对工业遗产的认识有限，许多工业遗产的保护与利用工作是在城市发展过程中不可回避而为之，保护的主动性和自觉性不够。同时，对工业遗产保护与利用的理论研究不够深入，保护的力度不足，在实际操作中轻保护而重利用，造成部分工业遗产在改造利用中失去了文化遗产所特有的场所精神，而仅存部分建筑孤零零地点缀在现代景观之中。综观国外对工业遗产保护与利用的经验，无不根据自身的历史传统、文化特点、地理优势、经济实力而建立。因此，我国工业遗产保护与利用不能一哄而上、盲目跟风，而应该因地制宜、实事求是，从本土文化历史土壤中汲取营养，从工业遗产自身的资源优势里寻找方向。唯其如此，我国工业遗产保护与利用工作才能取得长足进步。

第三节　嘉峪关市工业遗产保护与利用模式及前景探讨

嘉峪关市工业遗产保存较好，它见证了嘉峪关市以酒钢公司为首的钢铁企业艰苦创业、历尽艰辛、奋勇前行的发展历程，寄托了几代嘉峪关人对当年峥嵘岁月难以忘怀的情感，是一份宝贵的精神文化财富。嘉峪关市作为长城文化与丝路文化交汇的节点城市，文化旅游资源得天独厚，已建成了世界文化遗产——嘉峪关关城为代表的国家AAAAA级旅游景区，以及黑山岩画、魏晋墓地下画廊、悬壁长城、万里长城第一墩、草湖国家湿地公园等众多人文和自然景观。嘉峪关市工业遗产的开发利用可以充分依托这些传统的旅游资源，探索适合自身地域特点的产业模式，可以通过建立工业博物馆、打造工业遗产景观、整合旅游线路、开展工业文化旅游等方式，找到工业遗产再利用的有效途径，最终释放工业遗产的资源价值，实现工业和旅游城市融合发展的战略目标。

一、博物馆模式

1. 建立工业博物馆的意义

2015年开始，甘肃省实施了以文化遗产有效保护为基础，以遗产展示和文化传承为核心，以博物馆建设为载体，全面展现全省历史文化风貌，丰富人民精神文化生活的“历史再现”工程，提出要大力发展各类行业博物馆和专题博物馆。在工业遗产方面，要求“以工业产业集聚地为核心，妥善保护和合理利用不同时期、不同发展阶段具有历史、技术、社会、建筑或科学价值的工业文化遗迹，以灵活多样的方式，展示工业领域科学技术的发展历程及所蕴含的时代精神与工业文化。”[①] 博物馆在征集、收藏、陈列和研究工业遗产方面具有专业优势。近几年工业类博物馆在各地陆续出现，它们不仅用实物和影像留住了老一代工业人的记忆，让曾经激情燃烧的工业时代被永久记录，更通过各种展览和活动，为公众提供学习科技知识，了解现代和未来工业的机会。今后中国的工业技术要发展到世界一流水平，要靠工业文化的发展去推动，要让人们认识到工业对我们现在生活的深刻影响，要让孩子们从小就接受到这样的工业文化熏陶。在这一时代背景下，以建立博物馆的方式保存、展示和研究工业遗产，是一项有利于工业遗产保护和符合时代要求的做法。

目前，嘉峪关市有各类博物馆7座，主要是以展示长城历史、丝路文化、瓷器、玉器、陶器、书画、钱币及杂项等为主的传统文物类博物馆，还没有一座真正意义上的工业类博物馆。与工业相关的展览只有酒钢展览馆和嘉峪关城市博物馆中有一些展示，不能完全反映嘉峪关市这座“因钢而建”的工业城市的整个工业文化风貌。通过建设工业博物馆，收藏、展示和研究嘉峪关工业历史，展现嘉峪关工业发展的历史进程和科技进步，可更好地弘扬“嘉峪关精神”和酒钢“铁山精神”，激励全市人民加速工业城市建设步伐，不断增强嘉峪关经济文化实力，不断满足嘉峪关人民对物质和文化生活的需求，促进嘉峪关工业做大做强，进入全国先进工业城市行列。因此，建设工业博物馆，抢救工业历史文物，不管是对酒钢公司企业文化的建设，还是对嘉峪关市文化遗产的保护和传承都具有重要意义。

2. 实施策略探讨

以酒钢公司作为工业博物馆建设主体。酒钢公司是我国西部最大的钢铁联合企业，也是甘肃省多元发展的大型骨干企业集团，综合实力雄厚，资产规模、年营业收入均超过千亿元，连续多年入围中国企业和中国制造企业500强。以酒钢公司作为博物馆建设主体可以发挥大企业在资金、管理、组织、人才等方面的优

① 《甘肃省人民政府办公厅关于印发〈甘肃省实施文化遗产“历史再现”工程意见〉的通知》甘政办发〔2015〕48号。

势。酒钢公司在近60年的发展过程中，各厂矿企业留存有数量丰富、类型多样的工业遗产，这些工业遗产是酒钢发展的实物资料和历史见证，保护和收藏这些工业遗产是传承和弘扬嘉峪关市工业文化的需要，也是建立工业博物馆的物质条件。博物馆建设需要全面收集公司下属各个厂矿不再使用的机器、设备、资料、档案等工业遗产，以及向钢铁业同行、专业技术院校征集工业设备、纪念品、模型、作品等，作为博物馆陈展资源。

做好工业博物馆的关键是陈展设计。要有富有特色的陈展理念，避免雷同化设计。博物馆陈展要把握两个主题，既是一部国家工业战略在西部发展的历史，也是一部中国钢铁制造技术发展史。陈展要体现嘉峪关是西北地区最大的钢铁工业基地这个历史特点，把新中国建设初期中国工业建设的历史融入进去，把新中国工人们的奋斗精神体现出来，这些都是我们宝贵的精神财富，要在陈展中运用各种方式展示出来。博物馆要采取多种表现形式，增加工业展览的趣味性和体验性内容，拉近工业与寻常百姓的距离，采取有效的方式，让普通的参观者能够理解工业流程，并切实感受到工业的进步与自己的生活息息相关。这些都应在博物馆设计之初就要考虑清楚。

博物馆的选址可以考虑在市区，也可以考虑在酒钢厂区利用废弃的厂房建博物馆。建在市区有利于重新规划建设，基础设施完善，便于管理和参观。利用废弃的厂房建博物馆是目前许多工业博物馆的做法，它的好处是废旧建筑再利用可以减少建设投资成本。另外，在工业遗址建博物馆可以很好地体现博物馆的场所精神。

博物馆在建成后可以按照相关要求申请免费开放经费。目前，国家对博物馆免费开放经费的管理更加规范和合理，申请的博物馆范围和类型也逐步扩大，博物馆在具备相关条件后就可以进行申请。申请免费开放经费后，可以使博物馆的运行经费有所保障，使博物馆的管理工作更加科学合理，博物馆更能专注进行工业遗产的保护、展示和研究等专业工作。同时，工业博物馆应该利用其资源，积极进行文创产品的开发，在保护的基础上进行合理的开发利用，实现文化遗产的价值转化，充分发挥工业遗产的社会效益和经济效益。

3. 预期存在问题

博物馆建设是地方文化建设的一项主要内容，政府和社会各界都负有相应的责任。根据目前嘉峪关工业遗产保存情况来看，酒钢公司作为工业博物馆的建设主体较为合适。但对建设博物馆这样一项投入大、见效慢的投资行为，酒钢公司作为企业能否有这样的投资意愿，是嘉峪关能否建成工业博物馆的前提。另外，博物馆的运行管理，需要一支既懂文化遗产保护，又懂工业技术发展，以及谙熟文化创意产业的人才队伍。目前，这样的复合型人才在各地都较为缺乏，而这些都将是今后工业博物馆建设所必备的一些条件。

二、文化景观模式

工业遗产中的各类建筑或设施，在一定的条件下会和周边的自然环境或人工环境形成特定的相互依存关系，在工业发展过程中，这些工业活动场所与周围环境和谐共存，相互衬托，体现了工业建筑所特有的场所精神。嘉峪关市以酒钢公司为主的工业遗产，分布在市区和周边各类区域，一些工业遗产与周边环境构成了富有特色的景观，对这类景观进行有创意的开发，必定会形成一道引人瞩目的工业文化景观。

1. 酒钢厂区工业文化景观

酒钢公司厂区有许多富有特色的工业景观。选矿厂16座闲置的鞍山式还原炉焙烧竖炉水泥支架长30米，宽8米，高24米，体量巨大，气势宏伟，矗立在厂区中，与周边绿化的景观相映生辉，早已成为厂内一道靓丽的风景。见证了当年酒钢的建设者们怀着远大目标，力争建成高产钢铁企业的决心。厂区许多建于二十世纪六七十年代的厂房墙面写有当年富有时代特征的标语、对联、语录和口号，如“伟大的中国共产党万岁”“伟大的领袖毛主席万岁”“社会主义好”“大海航行靠舵手，干革命靠毛泽东思想”等，与建厂时期纵、横跨砖混式厂房建筑风格融为一体，表现了当年工厂所特有的场所精神。还有厂区停放或运营的许多早期各种型号的蒸汽机车，也是目前少见，偶尔在各类电影场景中才能看到。像这样具有特色的文化景观在酒钢厂区随处可见，若将这些景观与酒钢建设花园式工厂的理念相结合，经过巧妙的规划设计，在一定的区域内集中呈现，必定会打造一处具有酒钢特色的工业文化景观。

2. 镜铁山矿区工业文化景观

镜铁山矿位于嘉峪关市西南部祁连山腹地，矿区居于北南十里峡谷之间。镜铁山矿于1955年发现，是在异常艰苦的自然条件下，经过几代创业者、建设者在皑皑祁连、茫茫戈壁中，用勤劳、心血、汗水和智慧，长期奋斗拼搏、孕育创造出的一片具有时代特色的矿山工业区。讨赖河上游河段流经矿区，山涧溪水淙淙，既有祁连山原始山地自然生态环境，又有矿山在半个多世纪遗留下来的各类工业遗址，既有正在挖掘的矿山资源，又有人们正在美化的环境，以及“凤凰山”美丽感人的先辈创业故事。这里的地表痕迹、矿山生活区、工业遗址、交通线路以及公共服务设施等，都具有二十世纪五六十年代鲜明的历史特点，可以说镜铁山矿区本身就是一座大型的正在运行的矿区博览园。美丽的原始山区自然景观，融合了这里富有历史感的建筑，营造了跨越时空的工业文化景观。

3. 嘉峪关水泥厂文化创意园

嘉峪关水泥厂位于万里长城—嘉峪关东南侧，紧邻国家5A 级旅游景区——嘉峪关文物景区。目前，这一区域正在打造包括丝绸之路文化博览园、峪泉古街古镇（关城文旅特色小镇）、世界文化遗产公园（花博园）、文化旅游创意产业园等五大项目的大景区。嘉峪关水泥厂正在计划搬迁，这一区域将规划建设为一处以文化旅游为核心的创意产业园。通过借鉴北京798创意园规划设计和运营模式，充分挖掘嘉峪关长城文化、丝路文化和边塞文化底蕴和内涵，进一步完善嘉峪关市旅游产品体系，增强文化旅游产业的整体吸引力，建设文化旅游产业创意园，促进嘉峪关市及周边地区文化、科技、旅游、生态资源的综合利用和高效开发。主要建设文化产业服务区、创意企业孵化区、文化产业教育基地、配套公寓及学校、幼儿园、大型停车场、游乐场、商住建筑、露天音乐广场，艺术家工作室、国画院、音乐厅、艺术酒店、园区办公楼、景观绿化工程等，以及健身与保健中心、停车场等附属设施。[①]

2017年9月28—29日，嘉峪关雄关水泥厂作为演出场地之一，举办了为期两天的《首届丝绸之路（嘉峪关）国际音乐节》。举办方认为这里是嘉峪关市设市以来工业文化与记忆的宝贵遗存，在其基础上即将改造建设而成的文化创意产业园，将成为嘉峪关市面向未来、成就丝绸之路沿线文化创意产业中心的高点与支点。此举是对这里所具有重要内涵与意义的场所精神的一种认可和尝试。

4. 大草滩水库观光区

大草滩水库所在区域在历史上是一片沼泽湖泊地，曾经水域开阔，水草丰美，野生动物遍布。1958年酒钢建设初期，为了解决工业用水问题，在这里建立大型水坝，从讨赖河引水至此，形成容量为6400万立方米的大型水库。这里风景优美，水库周边的山丘上分布有五彩斑斓的雅丹地貌，嘉峪关丝绸之路古道从水库大坝一侧穿过，大坝附近的黑山，分布有原始岩画艺术宝库黑山岩画，东面临近世界文化遗产——嘉峪关悬壁长城，是一处集人类文明遗迹与优美自然资源的宝地。2017年，这里被列入嘉峪关市黑山岩画风景区旅游开发项目之一，引起了社会的广泛关注。相信对这一区域的自然景观和文化遗产资源进行合理保护和富有创意的开发，必然会形成一处集自然风光、雅丹地貌、水文化资源、岩画艺术、长城历史文化遗产于一体的综合文化景观，其意义非常深远，必将为嘉峪关的经济、文化、旅游带来不可估量的价值。

三、旅游开发模式

据不完全统计，从2014年到2017年，我国工业旅游游客接待量年均增长31%，旅游收入年均增长24.5%。工业旅游发展呈欣欣向荣之势。[②]工业文化与自

---

① 引自《嘉峪关新闻网》2017 年 12 月 4 日。

② 李志刚：《如何推动工业旅游“上台阶”？》，《中国旅游报》2017 年 12 月 24 日。

然景观结合的旅游开发模式是目前较为常见的一种既可以保护工业遗产，又可以使工业遗产发挥潜在价值的开发方式，也是国内外工业遗产保护与利用经常使用的一种成功做法。这种方式需要有一定的旅游基础条件，要对工业文化遗产景观资源进行合理的规划建设，形成具有真正文化内涵的工业文化景区或景点，达到吸引游客参观的目的。嘉峪关市在多年的旅游发展中，已形成稳定的客源市场，旅游基础设施齐全。在《嘉峪关旅游业发展总体规划》和《嘉峪关市“十三五”旅游业发展规划》指导下，嘉峪关市抢抓丝绸之路经济带、华夏文明传承创新区和甘肃省大景区建设的重大历史机遇，立足本市旅游资源，以重大项目为牵引，积极推动旅游融合发展，进一步夯实了旅游产业发展基础，完善了旅游产业体系，扩大了旅游市场规模，提升了旅游管理和服务水平，旅游产业发展迅速，并取得相当成果。目前，在嘉峪关市进行工业文化旅游资源开发具备良好条件，可谓正当其时。

1. 嘉峪关市旅游基础条件

嘉峪关市作为长城文化与丝路文化交汇的城市，旅游资源得天独厚。近年来，嘉峪关市强化发展旅游的顶层设计，完善发展旅游的体制机制，围绕转产业、造产品、调结构、配功能、兴民生的旅游发展格局，积极创建国家全域旅游示范区，力争全面建成全域旅游配套服务体系，实现全域旅游深度融合发展格局。“十三五”期间，旅游产业全面超额完成规划发展目标。全市旅游接待人数由857.14万人次增长到1317.4万人次，年均增长29.22%；旅游收入由57.21亿元增长到96.4亿元，年均增长37.6%；旅游对 GDP 的贡献率由5.4% 增长到11.5%，增长6.1个百分点；旅游对就业的贡献率由10.68% 增长到17.47%，增长6.79个百分点。2020年，嘉峪关市成功创建国家全域旅游示范区，成为全国唯一入选的地级市。

在景区建设和旅游接待方面，全市景区、饭店、旅游商品等产业要素不断完善。截至2019年年底，全市 A 级旅游景区达到9家，其中5A 级1家，4A 级4家，3A 级2家。宾馆酒店174家，其中星级饭店17家（四星级3家、三星级10家），床位总数12308张。全市共有旅行社18家，其中出境游组团社2家。

在交通出行方面，嘉峪关市已初步建立起铁路、公路、航空等各类交通运输方式相互衔接、日益完善的综合交通体系。开通了嘉峪关号、酒钢号、嘉峪关方特号等旅游专列，培育了12条通往全国14个重要节点城市的航线。2019年，全市公路客运量6950.66万人次，铁路客运量214.84万人次（其中高铁客运量44.77万人次），民用航空完成旅客吞吐量35.49万人次。

在旅游产业融合发展方面，全市文化旅游、研学旅游、体育旅游、乡村旅游、工业旅游、生态旅游等资源及产品得到渐次开发，旅游与文化融合发展势头明显，旅游产品体系不断丰富完善。嘉峪关方特欢乐世界形成了强大的文化旅游聚合效应。国际“铁人三项”戈壁挑战赛、中国国际滑翔节等体育品牌赛事成为“流动的景点”。

在文化旅游营销方面，全市紧紧围绕“天下第一雄关——嘉峪关”的品牌形象确定市场发展重点工作任务，整合宣传资金，突出营销重点，加强区域合作，制定奖励办法和优惠措施，旅游市场得到较大拓展。以“万里长城丝绸路、欢乐旅游嘉峪关”为主题，在中央电视台、《中国旅游报》、甘肃电视台、首都机场、兰州火车站、香港地铁站等主流媒体与广告位宣传旅游产品和形象，成功举办两届敦煌行·丝绸之路国际旅游节开幕式；在航班客舱、高铁车厢进行大力宣传，有力促进了旅游市场持续升温。[①]

2. 工业文化旅游规划建议

依托工业文化景观，打造工业文化景区是开展工业文化旅游的前提条件。嘉峪关市的几处工业文化景观兼有美丽独特的自然风光和富有特色的文化内涵，如大草滩水库与丹霞自然景观、镜铁山矿山文化与高山草原自然景观、酒钢厂区工业文化景观等。这些景观具备了旅游景区所具有的核心要素，可以运用旅游景区的方式进行打造和规划建设。

借助传统优势旅游资源，形成聚合效应是工业文化旅游成功的关键因素。嘉峪关市传统文化旅游资源丰富，建成了世界文化遗产——嘉峪关关城为代表的国

---

① 参考《嘉峪关市“十三五”旅游业发展规划》。

家5A级旅游景区和黑山岩画、魏晋墓地下画廊、悬壁长城、万里长城第一墩等景区和景点，还有世界三大滑翔基地之一的嘉峪关国际滑翔基地、草湖国家湿地公园和亚洲最大的单体葡萄酒窖所在地紫轩酒庄等众多人文和自然景观景点。嘉峪关市打造工业文化景区要充分借助这些传统优势旅游资源，形成合力，共同推介，将工业文化旅游纳入全市旅游资源体系中来。与各旅行社加强合作，把工业文化景区积极推介到相关旅游线路中；进行网络营销，借助旅游电商平台进行推广和宣传，逐步扩大工业文化景区的影响力。

顺应旅游发展潮流，创新设计体验式旅游线路是开展工业文化旅游的可行路径。随着旅游者旅游经历的日益丰富而多元，旅游消费观念的日益成熟，旅游者对体验的需求日益高涨，体验式旅游是当前旅游发展的一个重要趋势，是继观光旅游、休闲旅游后的一种新的旅游方式。传统的观光式旅游，仅仅依赖一些自然资源或者历史遗产为游客提供一种游览的满足感，体验式旅游更着重给游客带来一种异于其本身生活的体验。以工业遗产为主要内容的工业文化景区可以利用工业遗产原始工艺流程、生产方式，融合现代化保护手段，增强工业遗产利用的体验性，为游客提供参与和亲历工业生产活动的一些内容，让游客从中感受到工业生产所特有的场景，通过参观者亲身体验，感受到工业文明带来的震撼。嘉峪关市的几处工业文化景观都具备这样的条件和设施，设置让游客可以参与的工业生产过程，如矿山的井下工作情况，没有下过矿井的人都很好奇，经历一次井下探险活动或感受一下矿工工作情况，既能满足游客的好奇心，也是感受工业文化的一次良好机会；还可以在镜铁山进行休闲户外、野营探险等体验活动，这些都不一而足，值得进行深入探索和创新开发。

3. 工业文化体验探索性实践

镜铁山矿是我国唯一高海拔、高山型井下矿山，从1958年10月开始建设，到1970年6月1日建成投产，矿山建设者们靠肩扛背驮、住地窝子、吃骆驼草，克服了无数困难，进行了艰苦卓绝的创业奋斗。山上空气稀薄，一般缺氧30%以上，气压仅550毫米汞柱，水的沸点只有86℃，机械设备也要降效15%，即使在这样艰苦的条件下，矿山人还是创造了许多生产技术指标全国第一。他们在同艰苦恶劣环境的抗争中，不仅为酒钢提供了丰富的铁矿石资源，而且孕育了艰苦创业、坚韧不拔、勇于献身、开拓前进的“铁山精神”。1985年，“铁山精神”被酒钢公司确定为酒钢企业精神。1997年，“铁山精神”被原冶金部确定为行业六大精神之一。

近几年，嘉峪关市掀起了“铁山精神”参观学习热潮。各单位组织党员、干部和职工来到镜铁山矿，通过参观矿山展览馆、镜铁山矿粮仓旧址，矿山医院旧址、观看《酒钢的“摇篮”——镜铁山矿》纪录片等，从大量的文字史料、历史照片、影像资料、厂矿遗址等，真实感受矿山先辈们艰苦创业的历史。参观者还可以到矿体井下采掘面开采现场，听取镜铁山矿的井采情况、设备配置和安全管理等方面的介绍，现场观摩铲运机出矿的工作场景，与矿工们同在职工食堂用餐，切身体验他们的生活和工作情况。通过这些参观学习活动，让大家对镜铁山矿的创业历史和建设发展有了更加全面的了解和认识，对嘉峪关市工业文化和“铁山精神”的内涵有了更加深刻的理解，真切感受到今天的幸福生活是一代又一代先辈们艰苦奋斗的成果。

第六章 “一带一路”与嘉峪关市工业遗产

嘉峪关市以明长城、魏晋墓群、黑山岩画为代表的传统文化遗产和以酒钢公司为代表的现代工业遗产，“一古一今”共同构成了嘉峪关市丰富的文化遗产资源。加强这些文化遗产保护工作，充分利用国家“一带一路”倡议带来的新发展机遇，借助嘉峪关丝路文化和长城文化交汇点的文化资源优势，探索工业遗产开发利用模式，发挥工业遗产蕴含的历史、文化、科技、社会等价值，必将夯实嘉峪关城市文化和工业文化建设基础，也会为嘉峪关文化产业的发展注入新的活力。

第一节 嘉峪关市代表性文化遗产

嘉峪关市有着历史悠久、丰富多样的传统文化遗产资源。根据嘉峪关市第三次全国文物普查结果，全市共有各类不可移动文物96处，涵盖了古遗址、古墓葬、古建筑、石窟寺及石刻、近现代重要史迹及代表性建筑等类型。其中，以万里长城—嘉峪关、新城魏晋墓群和黑山岩画等3处全国重点文物保护单位为代表。

一、万里长城—嘉峪关

万里长城—嘉峪关位于嘉峪关市峪泉镇嘉峪关村一组西800米处，南倚祁连山，北接黑山，因建于嘉峪山与黑山之间的峡谷高地——嘉峪塬上而得名。嘉峪关是明代万里长城的西端起点，是长城沿线建造规模最壮观，保存程度最完好的一座古代军事城堡，以地势险要、巍峨壮观著称于世，被称为“天下第一雄关”。1961年3月4日，国务院将其公布为第一批全国重点文物保护单位，1987年被列为世界文化遗产名录。

关城始建于明洪武五年（1372年），征西大将军冯胜在此选址建关。明弘治八年（1495年），肃州兵备道李端澄主持修建了嘉峪关楼。明正德元年（1506年），李端澄又监修了东西二楼及夷厂、仓库等。明嘉靖十八年（1539年），尚书翟銮与兵备道李涵监筑加固了城墙，修建关城两翼长城，关城整体建成。[①] 关城从初建到建成一座完整的关隘，历经了168年。城址坐东向西，平面呈不规则形，周长1107米，面积84554平方米，墙高3~11.7米，依次由月城、护城壕、罗城、外城、瓮城、内城及游击将军府、官井、文昌阁、关帝庙、戏台等附属建筑组成。

除关城外，嘉峪关市境内还分布有两道明长城，一道位于市区东北部，一道位于市区西部，分别为嘉峪关东北长城和嘉峪关西长城，两道长城呈“T”字形分布，在峪泉镇嘉峪关村附近相接。长城沿线有嘉峪关、新城堡、野麻湾堡、石关峡堡等关堡分布。西长城外侧挖有宽大的壕堑。关城西面有两路报警烽燧，一路连接祁连山冰沟口，一路到达关城西面15千米的双井子堡遗址。关城北面也有一路烽燧线护卫关城外围，一直延伸至肃州区境内。在烽燧线上有十营庄堡、塔儿湾堡、双井子堡、大红泉堡等关堡分布。

目前，以关城为中心陆续建成了嘉峪关文物景区、长城第一墩景区和悬壁长城景区，每年吸引100多万游客前来参观游览。正在建设的嘉峪关世界文化遗产公园是嘉峪关文化遗产保护工程的三大子项目之一。该项目是在实施嘉峪关长城本体保护项目的基础上，最终建成在长城文化遗产保护和展示方面具有示范意义的遗产展示园区。

2019年12月中央办公厅、国务院办公厅正式印发《长城、大运河、长征国家文化公园建设方案》。自此，长城、大运河、长征等文化遗产沿线地方积极行动起来，

---

① 高凤山、张军武：《嘉峪关及明长城》，文物出版社，1989。

开始了国家文化公园的筹建工作。按照《长城国家文化公园甘肃省建设保护规划》内容，嘉峪关将以“明代雄关”展示园为核心，围绕世界文化遗产公园嘉峪关、长城第一墩、悬壁长城等成熟文物景区，集中展示万里长城—嘉峪关的基本布局、长城体系的构成与使用方式、长城构筑方式、长城的保护与考古等，以及嘉峪关长城的选址、地形地貌，遗产历史信息和文化内涵：中国长城建设史、军事史、丝绸之路发展史、早期军营和城堡建造史、古代建筑建造技术。①

二、新城魏晋墓群

新城魏晋墓群位于嘉峪关市东南约18千米的戈壁滩上，分布着1000多座古墓葬，面积约13平方千米。1972—1979年期间，甘肃省博物馆派人会同嘉峪关市文物清理小组共同发掘清理了18座墓葬，其中9座为画像砖墓，9座为素砖墓。

新城魏晋墓多为家族墓葬，建筑形制独特，由墓道、墓门、门楼、前室、中室、后室、甬道、耳室、壁龛等组成。建筑用砖分为印纹方形砖、长方形砖、雕刻砖、画像砖等。墓门用条形砖叠砌为拱券形，券顶以上采用条形砖叠造门楼，门楼墙面嵌砌有斗拱、人物、兽首、鸡、牛等造型的雕刻砖，墓顶多为覆斗式和拱券式，整个墓葬建筑没有用任何黏合材料，全部用干砖叠砌而成。墓葬共出土760余幅砖画，形式多为一砖一画、半砖一画或几块砖组成的连环画。内容取材于当时的现实生活，基本上是当时河西地区政治、经济、军事、文化的真实写照，具有浓厚的生活气息。绘画题材涉及农耕、蚕桑、屯垦、营垒、驿传、炊事、宴乐、博弈、畜牧、狩猎、出行等。这些画像砖是古代民间画匠的作品，画法是以线条勾勒轮廓，再填写石黄、土红、灰、白、浅绿、赭石等色，色调明快，线条粗犷流畅，形象鲜活，构图简单，风格清新，尤其是M5出土的出巡图，堪称魏晋墓砖壁画的代表作。新城魏晋墓因早年被盗，陪葬器物中金银器物较少，出土陪葬品主要有铜器、铁器、木器、漆器、玉器、陶器、丝绸等。出土的陪葬器物，说明了魏

① 敦煌研究院编《长城国家文化公园甘肃省建设保护规划（建议稿）》。

晋时期的墓葬习俗和墓主生前死后的身份地位、家庭财富。[①]

新城魏晋砖壁画内容充分反映出河西地区当时的社会生活及民风民俗，对研究河西地区的社会、政治、经济、文化、军事、农业生产、环境等提供了实物资料，具有较高的研究价值。同时为探索敦煌艺术的渊源提供了实物资料，是中国古代绘画艺术的一份珍贵遗产。2001年6月25日，被国务院公布为第五批全国重点文物保护单位。

目前，5号墓已整体搬迁至甘肃省博物馆复原展示，6号墓常年对外开放展示，其余墓葬在原址进行保护。出土文物在甘肃省博物馆、嘉峪关市长城博物馆和新城魏晋壁画博物馆等地展示。

三、黑山岩画

黑山岩画位于嘉峪关市西北的黑山南麓及东麓沟谷内，主要分布在四道股形沟、石关峡口、焦蒿沟、交河沟口、红柳沟、磨子沟等6处沟底两侧山崖上，涉及范围占地约12平方千米，总计200余幅。黑山岩画属摩崖浅石刻岩画，刻凿方式主要以线刻、磨刻及敲凿为主，内容以舞蹈、狩猎、动物、佛塔等为主，尤以反映野生动物的画幅居多，总计达20余种。

嘉峪关黑山岩画是中国北方岩画的典型代表，也是我国境内众多岩画中具有明显地域特点的一处文化遗产。从岩画内容可以看出，很久以前黑山岩画所在区域气候湿润、森林茂密、水草充足，这里的草原和山地成为野兽栖息生活和游猎部落狩猎的理想场所。当时，黑山地区生存的野生动物种类繁多，哺乳类、爬行类和鸟类都有。岩画中可别辨的动物有虎、豹、狼、豺、貘、狐、狗、野牛、瘤牛、野猪、大角鹿、水鹿、麋鹿、梅花鹿、山羊、黄羊、盘羊、野骆驼、马、驴、雁、天鹅、雉鸡、蟒、蛇等。在这些动物中，野牛在各岩画分布点都有，而且数量最多，约有

---

① 甘肃省文物队、甘肃省博物馆、嘉峪关市文物管理所：《嘉峪关壁画墓发掘报告》，文物出版社，1985。

百余头；鹿、羊、骆驼次之，且种类较多；其他动物较少，但却具有广泛性。黑山岩画和邻近的肃北马鬃山岩画中还出现了大蕨类植物的图像。这些动物和蕨类植物一般生活在温暖潮湿的气候环境中，说明当时河西地区的气候是温暖潮湿的。①

黑山岩画作为古代西北地区游牧民族的生活记事画卷，时代从战国延续到明代，岩画反映的时限跨度大，时空关系复杂，涉及社会学、历史学、考古学、美学、宗教学、民族学、语言学等多种学科，具有较高的艺术及史学研究价值。1981年9月，被甘肃省人民政府公布为省级文物保护单位。2013年5月3日，核定公布为第七批全国重点文物保护单位。目前，为更好地保护和展示黑山岩画，正在筹建黑山岩画旅游风景区项目。

第二节 “一带一路”视野下嘉峪关市工业遗产价值

2013年9月和10月，中国国家主席习近平在出访中亚和东南亚国家期间，先后提出共建“丝绸之路经济带”和“21世纪海上丝绸之路”的重大倡议，得到国际社会的高度关注。两者合称就是“一带一路”，旨在借用古代丝绸之路的历史符号，高举和平发展的旗帜，积极发展与沿线国家的经济合作伙伴关系，共同打造政治互信、经济融合、文化包容的利益共同体、命运共同体和责任共同体。“一带一路”计划以及中国为此做出的巨大投入，都充分表明中国在为未来着想。中国和远邦近邻的关系，以及他在世界舞台上所扮演的角色，必将对21世纪产生深远的影响。②

① 杨慧福、张军武：《嘉峪关黑山岩画》，甘肃人民出版社，2001。
② 彼得·弗兰科潘：《丝绸之路：一部全新的世界史》，邵旭东、孙芳译，浙江大学出版社，2016。

一、“一带一路”与嘉峪关历史文化

“一带一路”是由中国发起的，旨在打造一个横跨亚欧非大陆和附近海洋互联互通网络，实现沿线各国多元、自主、平衡、可持续的国际发展战略，是在“古丝绸之路”基础上开拓的更大范围、更高水平、更深层次的区域合作版图，也是中国积极构建全球发展新格局、探索制定世界文明新秩序的重要举措。在“一带一路”视域下，文化将成为接续传统与当下、勾连历史与未来、跨越国别和语言、弥合差异和误解的纽带，对历史文化资源的发掘和再现，既是唤醒丝路记忆、重振丝路精神的重要途径，也是重新审视全球文明历史进程、实现文化共荣民心相通的时代选择。①从国家战略规划上看，“一带一路”涉及我国18个省、自治区、直辖市，对当前和今后的意义伟大而深远。

丝绸之路起始于古代中国，是连接亚洲、非洲和欧洲的古代陆上商业贸易路线。1860年，国际知名的地质学家、旅行家和东方学家费南迪·冯·李希霍芬随着德国经济代表团考察了包括中国在内的亚洲远东地区。回到德国后，自1877年开始，其5卷本名著《中国旅行记》陆续出版。他在书中把连接中国与中亚、中国与印度间以丝绸贸易为媒介的这条西域交通道路命名为“丝绸之路”，这一名词很快被学术界和大众所接受，并正式运用。其后，德国历史学家郝尔曼在20世纪初出版的《中国与叙利亚之间的古代丝绸之路》一书中，根据新发现的文物考古资料，进一步把丝绸之路延伸到地中海西岸和小亚细亚，确定了丝绸之路的基本内涵，即它是中国古代经过中亚通往南亚、西亚以及欧洲、北非的陆上贸易交往的通道，也就是“陆上丝绸之路”。另外，还有一条最早开辟于秦汉时期，从广州、泉州、宁波、扬州等沿海城市出发，从南洋到阿拉伯海，甚至远达非洲东海岸进行海上贸易的“海上丝绸之路”。丝绸之路最初的作用是运输古代中国出

---

① 周洁：《“一带一路”历史文化观再思考——兼谈丝路文化遗产的价值发现与开发传承》，《中华文化论坛》2017年第11期。

产的丝绸、瓷器等商品，后来成为东方与西方之间在经济、政治、文化等诸多方面进行交流的主要道路。研究这一领域的许多学者都认为，丝绸之路好似一座横贯亚欧大陆东西，绵延万余千米，历史悠久、视野广阔的世界史和人类文明史演进的大舞台。①

丝绸之路在陆上的线路和走向分为东段、中段和西段。嘉峪关位于丝绸之路东段的河西段中部，是古丝绸之路的交通要道。丝绸之路沿河西走廊向西延伸，在嘉峪关一带分为南、北、中三条线。其走向：南路从酒泉西行，进入文殊山口至冰沟口，然后沿讨赖河而上，至今镜铁山一带的祁连山谷，再向西沿疏勒河西行，从安西出祁连山，然后到敦煌；北路从酒泉北门出，过新城、野麻湾，出断山口，经疙瘩井子、新井子，再过玉门市花海子、盐池，而后再经赤金峡，到敦煌；中路出酒泉，经新城、野麻湾，进入石关峡，出大草滩，经境内双井子，然后进入玉门市新民堡，至赤金峡。②

嘉峪关是明代万里长城的西端起点，以举世闻名的万里长城天下第一雄关而得名，自古以来就有“河西重镇、边陲锁钥”之称，也是丝路文化和长城文化的重要交汇点。

自汉武帝派张骞通西域、“据两关、列四郡”以来，嘉峪关地区即为“番人入贡之要路，河西保障之咽喉”，这一状态从乌孙、月氏、匈奴等民族活跃于此始，直至吐蕃、回鹘、党项占据河西时期。曹魏时期，丝绸之路继承汉代以来的发展成果。魏文帝于公元220年“分河西为凉州”，制“凉州刺史领戊己校尉，护西域”，州治姑臧。在河西地区，当时的丝绸之路依然畅通，贸易繁荣。建安时期，政府有“户出绢二匹、锦二斤”的户调政策，鼓励蚕桑养殖。从嘉峪关新城魏晋墓砖壁画反映的桑蚕养殖业的繁盛情景可以看出，当地的蚕桑养殖活动较为普遍。十六国时期，张轨拜为凉州刺史之初，也在河西地区“拔贤才”“课

---

① 邵如林、吴梅萍：《中国河西走廊》，中国旅游出版社，2013。

② 嘉峪关志编纂委员会编《嘉峪关志》，甘肃人民出版社，2011。

农桑”。当时的嘉峪关地区，不但是丝绸贸易的重要通道，而且桑蚕养殖业还一度形成相当的规模。随着南宋偏居东南，海上丝绸之路开通，中国经济重心南移，这一地区的商业地位才有所下降，但仍然是重要的商贸大道。清代嘉峪关属于通商口岸，自嘉峪关向西亚、欧洲市场输出的茶叶约占国外市场的1/3。直到100多年前，嘉峪关关城内外的街市，还有公馆、茶楼、酒肆、商行、驿站、当铺、庙宇、楼观、作坊上千家，意大利、西班牙、俄罗斯、土耳其等国的使者、商人和驼队往返于嘉峪关内外，见证了“使者相望于道，商旅不绝于途”的丝路盛景。

近期有关专家对一幅明代的《蒙古山水地图》进行考证，发现图中描绘了从嘉峪关到天方（今沙特阿拉伯的麦加）的211个由突厥、蒙古、波斯、粟特、阿拉伯、希腊、亚美尼亚语等音译而来的明代地域名，涉及欧、亚、非三大洲的十多个国家和地区，包括中国、乌兹别克斯坦、塔吉克斯坦、阿富汗、黎巴嫩、突尼斯、土耳其等，图上所绘从嘉峪关出发，取道苦峪城西行之路，正是明代丝绸之路的路线。由此可见嘉峪关地区在历史上，长城文化和丝路文化相互交融，游牧文化和农耕文化相互碰撞，中原文化和西域文化在这里汇聚，中华文明和世界其他三大文明在这里交流交往，赋予了这片土地深沉的历史和厚重的文化。

二、“一带一路”与嘉峪关文化产业

文化产业是以生产和经营文化产品和文化服务为主业务，以创造利润为核心，以文化企业为骨干，以文化价值转化为商业价值的协作关系为纽带的经营行业，是基于文化意义内容的生产活动。[①]我国是文化资源大国，但目前还是文化产业弱国，实现文化产业跨越式发展是刻不容缓的任务。文化产业不仅是建设社会主义先进文化的重要手段，同时也是促进经济社会发展、增强综合国力的推动力量，各地都应该充分利用文化资源优势，大力发展文化产业。

---

① 肖安鹿、段建玲：《文化产业发展与文化大省建设》，甘肃文化出版社，2012。

自汉代张骞出使西域之后，甘肃就一直是我国联系西域各国和西亚、南亚、北非、欧洲的重要通道。世界古代四大发明在这里汇集、交流和融合，留下了丰富的历史宝藏。河西地区成为世界古代四大发明和三大宗教的交流融合地。①

2013年，在国家“一带一路”倡议指导下，甘肃省全力开始华夏文明传承创新区建设，打破现有行政界限，统筹全省文化资源和各类生产要素，以文化建设为主题，以经济结构战略性调整和经济发展方式根本性转变为主线，确定了围绕“一带”，建设“三区”，打造“十三板块”（简称“1313”工程）的工作布局。丝绸之路文化发展带以丝绸之路为轴线，以亚欧大陆桥甘肃段为腹地，充分挖掘悠久厚重的历史文化资源和丰富多彩的自然人文资源，发挥沿线城市群落辐射带动作用，加大保护传承和创新发展力度，促进文化事业全面繁荣、文化产业创新发展，成为推动甘肃转型跨越、科学发展、民族团结、富民兴陇的核心地带。同时，通过实施重大项目带动战略，推进文化体制机制改革，推动文化事业建设和文化产业发展，把华夏文明的保护、传承、展示、创新、发展紧密结合在一起，使之与时代精神相融合。②

嘉峪关市积极响应国家“一带一路”倡议，牢牢把握甘肃省华夏文明传承创新区建设的历史机遇，一手抓传承保护，一手抓创新发展，使文化产业成为转变发展方式、拓展发展空间的有效途径。全市依托丰富多样的文化旅游资源，结合全省华夏文明传承创新区总体战略和本市发展目标，集中力量实施好“1251”工程，即用好世界文化遗产嘉峪关这一品牌，推动文化产业与文化事业发展，打造历史文化、科技生态文化、工业文化、节庆赛事文化、城乡文化一体化示范园区，实现建成嘉峪关华夏文明传承创新区这一目标。先后实施了关城文化遗产保护工程、中华孔雀苑、方特欢乐世界、观礼古镇等一批文化旅游项目，百亿元文化产业园已具规模。特别是方特欢乐世界与嘉峪关关城构成了

① 王宗礼主编《华夏文明传承创新在甘肃》，甘肃文化出版社，2013。

② 参考甘肃省人民政府：《关于推进华夏文明传承创新区建设的实施意见》。

“一古一今、一新一旧、一动一静”两大旅游主体，集聚催生了“方特效应”，文化旅游产业有了新的突破。

嘉峪关拥有天下第一雄关、万里长城第一墩、悬壁长城、魏晋墓地下画廊、黑山岩画等丰富的文物资源和戈壁沙漠、雪山冰川、草原湖泊、河流峡谷、湿地绿洲等自然景观，旅游资源丰富，是著名的旅游胜地，旅游资源是嘉峪关发展文化产业的初始动力。早在1998年，随着西部大开发历史机遇的来临，嘉峪关市顺应时代潮流，开始了大力发展旅游经济、培育支柱产业、培育新的经济增长点的重大举措，确定了依托嘉峪关关城大力发展嘉峪关文化旅游产业的目标。经过多年建设，建成了包括世界文化遗产——嘉峪关关城为代表的5A级景区、世界三大滑翔基地之一的嘉峪关国际滑翔基地、草湖国家湿地公园和黑山岩画、魏晋墓地下画廊、悬壁长城、万里长城第一墩、亚洲距城市最近的七一冰川、亚洲最大的单体葡萄酒窖所在地紫轩酒庄等在内的众多人文和自然景观景点。

多年来，嘉峪关市一直坚持文化旅游产业深度融合发展，以文化提升旅游内涵，以旅游彰显地域文化，持续推进景城一体化和关城大景区建设，让文化旅游产业成为拉动经济增长的重要引擎。目前有几个大型文化产业项目正在积极实施当中。嘉峪关丝绸之路文化博览园项目是嘉峪关市响应国家“一带一路”倡议，依托华夏文明传承创新战略和“方特效应”，由嘉峪关文旅集团联合深圳华强集团、甘肃广电网络公司共同投资建设的重点文化产业项目。项目选址毗邻万里长城—嘉峪关，总投资31亿元，占地面积约1000亩，总建筑面积约530000平方米。其中主题体验区以丝路文化、长城文化、边塞文化、民俗文化为创意基础。精心打造《九州神韵》《丝路传奇》《梁山伯与祝英台》《魅力戏曲》《长城故事》《女娲补天》《敦煌瑰宝》《牛郎织女》等十多个大型主题项目。嘉峪关世界文化遗产公园项目，是嘉峪关文化遗产保护工程的三大子项目之一。该项目是在实施嘉峪关长城本体保护项目的基础上，以真实完整地保护嘉峪关的全部遗产价值为根本目的，做到生态恢复与环境保护相结合。兼顾游览休闲等功能，与地方社会发展统筹协调，建设在遗产保护和展示方面具有示范意义的遗产展示园区，最终实现嘉峪关文化遗产价值的可持续合理利用。峪泉古街古镇项目建于闻名中外的天下第一雄关——嘉峪关脚下，总建筑面积约14万平方米，计划投资9912万元。整体建筑规划注重历史重现和特色文化展示，凸显丝绸之路文化风情，再现明清时期河西地区公馆、茶楼、酒肆、街坊、票号、商行、镖局、民宅、官邸、道观、戏台、庙宇等历史风貌，突出主街，合理布局副街和巷道，着重打造名人名宅、名人足迹和民间博物馆群等文化元素，将古街古镇建成具有厚重历史文化特色，遵循全域旅游特点，融吃住行游购娱为一体的特色文旅小镇。这些项目的实施，放大了嘉峪关关城、方特欢乐世界品牌带动效应，形成文化旅游融合发展的“四轮驱动”之势和“洼地”聚集效应。同时，通过加强旅游基础设施和服务能力建设，顺应大众旅游趋势，推进智慧旅游建设，提升综合接待能力，培育全季和全业旅游，打造全域旅游城市；通过推动文化旅游与科技、商贸、体育等产业深度融合，开发特色旅游产品，加大旅游宣传推介力度等措施，最终建成丝绸之路沿线重要的旅游目的地城市和休闲消费型城市。

嘉峪关市紧紧依托长城文化、丝绸之路文化、边塞军旅文化以及现代工业和科技文化等，强化丝绸之路文化产业带建设工作，努力打造河西走廊文化生态区，促进文化产业多样化发展。通过举办敦煌行·丝绸之路国际旅游节开幕式、国际短片电影展、国际“铁人三项”赛、房车博览会、国际滑翔节、长城马拉松等品牌节会赛事，以大型节庆活动和体育赛事为载体积聚人气，形成集遗产保护、景观旅游、事业服务、产业发展、产品交易、文化交流为一体的文化展示研究基地和文化产业园区。同时，优化整合宣传促销力量，加大对关城文物景区、方特欢乐世界、魏晋墓壁画、草湖湿地公园、黑山摩崖石刻、紫轩葡萄庄园、中华孔雀苑、东湖生态景区、讨赖河大峡谷等景区景点的宣传促销力度。借助敦煌文博会的集聚带动效应，加大与酒泉、张掖、东风航天城、额济纳旗、海西州、哈密等周边地区合作力度，以拓展文殊山石窟游、镜铁山矿区游、核军工科技游、东风航天城游为依托，主动构建区域旅游合作体，打造全域、全民、全业、全景和全时的

“五全融合”旅游片区。通过实施以上综合项目，2017年，全年接待旅游人数702万人次，全社会旅游收入45.3亿元，比上一年度分别增长23.2%和25.9%，文化产业增加值增长15.1%，文化旅游产业已经成为嘉峪关经济转型发展的强劲动力。[①]

三、“一带一路”与嘉峪关工业遗产

嘉峪关因企设市、缘矿而建、因钢而兴，经过近60年的建设发展，已成为西北最大的钢铁工业生产基地。经过调查，嘉峪关市工业遗产主要以酒钢公司为主，其他行业为辅，特色鲜明，保存较好，具有较好的文化资源开发利用价值。工业是嘉峪关市的强市之基、富民之源。在“一带一路”历史机遇面前，嘉峪关市除了继续发挥工业的地理区位、产业基础和资源禀赋优势，做强做大传统钢铁行业产能以外，还要以新发展理念为引领，构建多元绿色现代产业发展体系，发掘工业遗产潜在价值，加强工业文化建设，依托嘉峪关丰富的文化旅游资源，拓展工业文化发展新领域，实现传统工业产业的创新发展、绿色发展和转型发展。

以“一带一路”发展理念为指导，加强工业文化建设。当前，我国已经跃居世界第一制造大国，但工业大而不强的问题仍然突出，这与工业文化发展相对滞后密切相关，集中表现为创新不足、专注不深、诚信不够、实业精神弱化等问题，严重制约了我国工业的转型升级和提质增效。工业文化在工业化进程中衍生、积淀和升华，时刻影响着人们的思维模式、社会行为及价值取向，是工业进步最直接、最根本的思想源泉，是制造强国建设的强大精神动力，是打造国家软实力的重要内容。在着力推进制造强国和网络强国战略的关键时期，既需要技术发展的刚性推动，也需要文化力量的柔性支撑。大力发展工业文化，是提升中国工业综合竞争力的重要手段，是塑造中国工业新形象的战略选择，是推动中国制造向中国创造转变的有力支撑。[②] 酒钢在创业之初，几代雄关儿女用青春和汗水锻造出

① 参考《2017年嘉峪关市政府工作报告》。

② 参考工业和信息化部、财政部：《关于推进工业文化发展的指导意见》。

了艰苦创业，坚韧不拔，勇于献身，开拓前进的“铁山精神”，使一座欣欣向荣的新型现代化工业旅游城市出现在万里长城的最西端。“铁山精神”也成为全国冶金行业学习弘扬的六种精神之一，镜铁山矿被原冶金部命名为全国冶金战线五大爱国主义教育基地之一。当前，我们应该更加珍惜这一来之不易的宝贵精神财富，以“铁山精神”为引领，加强工业文化建设，使之成为助力工业创新发展的动力和源泉，继续发挥其在工业战线上的重要作用。

以“一带一路”发展理念为指导，倡导绿色发展理念，发挥工业遗产潜在价值。嘉峪关市围绕酒钢建设遗留下来的大量工业遗产，类型多样，资源丰富，具有较强的开发利用价值。可以通过大力发展工业旅游，建立工业博物馆、工矿景观公园及创意产业园区，打造镜铁山矿区游、核军工科技游等具有鲜明地域特色的工业旅游产品。加强与嘉峪关文化旅游产业协同发展，促进工业旅游与传统观光旅游、工业科普教育相结合。鼓励酒钢企业通过开放生产车间、设立用户体验中心等形式进行产品展示和品牌宣传，建设工业旅游示范点，发挥工业遗产的历史价值、文化价值、科技价值，拓展工业产业发展新领域，以工业旅游为抓手，实现工业产业绿色发展和转型发展目标。

第三节 “一带一路”与嘉峪关市工业文化建设

工业文化是整个人类社会在实现工业化进程中不断积累下来的物质财富和精神财富的总和，是各个行业优秀企业文化的概括与结晶。[①]保护工业遗产的最终目的是保护工业文明历史，让人们认识到工业生产曾经带来的辉煌成就和人们为此付出的巨大努力。嘉峪关市以酒钢公司为代表的工业遗产，反映了我国现代工业发展的历史进程，是我国现代工业发展的一个历史缩影。在“一带一路”倡议引领下，通过多种方式深入挖掘工业遗产所蕴含的精神文化内涵，继承和弘扬酒

① 王新哲、周荣喜:《工业文化研究综述》,《哈尔滨工业大学学报》(社会科学版)2015年1月。

钢创业者们艰苦创业、勇于献身、坚韧不拔、开拓前进的“铁山精神”，利用工业遗产保护与利用成果，充分发挥工业遗产的社会效益和经济效益，以此来打造嘉峪关市现代工业文化教育基地，实现工业遗产保护与利用的可持续发展目标。

一、开展工业文化教育的意义

工业革命使科学技术、城市经济和社会文化等方面产生了前所未有的深刻变化，而工业遗产就是工业文明的历史体现，是记录一个时代经济社会、产业水平、工程技术等方面的文化载体。以工业遗产为载体的工业文化，不仅生动地记录了工业化发展的历史进程，而且承载了特定时代人们的情感记忆和精神内涵，是世界文化遗产的重要组成部分。今天，国际社会正在不断地鼓励多样化地理解文化遗产的概念和评价文化遗产价值的重要性，人们开始认识到，应将工业文化遗产视作普遍意义上的文化遗产中不可分割的一部分。工业文明创造的财富和对世界以及人类生活的影响，远远超过之前几千年的总和，工业活动在创造了巨大的物质财富的同时，也创造了取之不竭的精神财富。工业文化反映了工业化时代的历史信息，帮助人们追述以工业为标志的近现代社会历史，帮助未来人们更好地理解这一时期人们的生活和工作方式。工业文化见证了工业活动对历史和今天所产生的深刻影响，也记录了普通劳动群众难以忘怀的人生，成为社会认同感和归属感的基础，构成不可忽视的社会影响。辉煌的工业历史，不但是企业家的骄傲、工人们的自豪，同样也让后人景仰。工业文化中蕴含着务实创新、包容并蓄、励精图治、锐意进取、精益求精、注重诚信等工业生产中铸就的特有品质，为社会添注一种永不衰竭的精神气质。开展工业文化教育，就是保护这些反映时代特征，承载历史信息的工业遗产，以此来达到振奋民族精神、传承产业工人优秀品德的作用。

开展工业文化教育，弘扬城市工业精神。城市精神是一座城市非常重要的非物质财富，它不同于那些有形的文化遗产，是可以看得见摸得着的，城市精神植根于城市市民的脑海深处，通过每一个市民的思维和行为体现出来。城市精神是一座城市的灵魂，是城市市民们共同思想的集中体现，是城市市民文化道德水平的反映，是城市市民日常生活的行为准则，是城市市民所具有的共同价值观和理想追求。城市精神囊括了城市的历史文化、风俗传统、价值取向等各个方面，是经年累月自然形成的，因此有着长时间的延续性，过去、现在和未来的城市精神一脉相承。虽然城市精神是随着历史自然而然形成的，但是只要依托城市的历史文化，基于现实面向未来，合理地制定出符合所在城市实际情况的、积极健康向上的城市精神，就可以在未来的城市精神发展和塑造中，将城市精神往一个良好的方向引导发展，使之对城市未来持续健康的发展发挥作用。①

开展工业文化教育的重点是青少年。青少年是国家未来的建设者，今天的青少年将是未来工业遗产保护政策的实施者。一个不了解祖国历史，不爱护历史遗产的人不可能树立爱国主义信念。加强对青少年的教育对保护工业遗产至关重要，这也是一种爱国主义教育。1990年第十四届世界遗产大会提出了世界遗产教育规划，其早期的教育方略重点就是在青少年。联合国教科文组织于1997年出版了《世界遗产与年轻人》（2002年中译本书名），意在使更多的青少年了解世界遗产，强化遗产保护理念。事实上，近些年在各地建成的工业类博物馆的作用，已经不仅仅局限于见证历史，其通过自身的教育功能，正在吸引更多中小学生关注工业，了解工业。来工业博物馆参观的不仅有怀念工业时代的市民和老工人，也有好奇的中小学生。而许多工科大学生，也通过在工业类博物馆的参观或从事志愿者的经历，提前体验自己未来的职业生涯。

开展工业文化教育可以为工业遗产保护输送专业人才。工业遗产保护的直接力量是掌握相关技术的专业人士。因为遗产保护本身需要一个规模庞大的专业队伍，所以工业遗产保护工作不但需要历史学家、考古学家的参与，还需要美术师、规划师、建筑师、化学家、物理学家、工程师在内的多学科、多层次人才共同组成的高素质专家队伍。通过对工业文化的普及教育，可以培养出大量从事工业遗产保护事

① 哈静、徐浩铭：《鞍山工业遗产保护与再利用》，华南理工大学出版社，2017。

业的专业人才，为工业遗产保护奠定坚实的人才基础。另外，开展工业文化教育可以扩大工业遗产保护社会群体，还可以使地方政府决策者、相关工业就业人员以及附近的社区居民，自觉地成为工业遗产保护的卫士。①

工业文化是爱国主义教育的重要内容。工业遗产同其他文化遗产一样，体现着中华民族的灵魂和品格。在中国现代工业建设中，中华人民共和国成立后创造性地对原有工业企业进行社会主义改造，在苏联援助下发展大型重工业，奠定了现代工业基础。随后的“大跃进”又给人们敲响警钟，留下了属于那个时代特殊的工业景观，社会主义现代工业在动荡中曲折发展。中国在不断探索中实现了许多零的突破，短时间自主完成了很多发达国家难以置信的工业创举。改革开放更是首创社会主义工业所有制调整，开创了多元化工业经济格局。时至今日，身临曾经的工业遗址还是能感受到新中国工业跳跃式发展的振奋和喜悦之情。在2009年公布的第四批87个全国爱国主义教育示范基地中，辽宁省的铁西老工业基地展览馆和黑龙江省的大庆油田历史陈列馆入选，打破传统的历史、人物、文明三大主题的框框，突出了对东北老工业基地历史的重视。这些场馆已成为世人了解东北老工业基地历史、展示东北老工业文化、进行爱国主义教育和科普教育的重要载体和阵地。②嘉峪关市以酒钢公司为代表的工业遗产，体现了中华人民共和国成立后国家在西北地区进行的工业战略布局，开展了轰轰烈烈的社会主义工业化建设活动，在这一历史时期产生的各类工业遗产，以及艰苦创业、勇于献身、坚韧不拔、开拓前进的“铁山精神”，都是嘉峪关市工业文化的典型代表，完全具备进行爱国主义教育和打造现代工业文化教育基地的各项条件。因此，依托工业遗产资源，通过建立工业博物馆，打造工业文化景观，开展体验式工业旅游活动，并在其中融入工业文化教育内容，诠释工业遗产的文化价值，让人们体会到工业

---

① 叶晓颖、韩福文：《中国工业遗产保护与普及教育探析》，《经济研究导刊》2009年第13期。

② 王秀芝：《以工业遗产为依托拓展高校爱国主义教育新途径》，《沈阳大学学报》（社会科学版）2014年12月。

文化的巨大魅力，理解工业时代在人类历史长河中的位置和作用，是我们开展工业遗产保护与利用的题中应有之意。

二、弘扬酒钢“铁山精神”

1958年，酒钢建设者在嘉峪关脚下开始了艰苦而伟大的创业壮举。当年来自全国各地的矿山建设者挺进祁连山深处这片荒无人烟、空气稀薄、寒冷多风、干燥少雨的大山开发宝藏。在那个特殊年代和艰苦岁月里，矿山职工凭着坚强的毅力，硬是用手打眼掘进，靠人背肩扛运送开矿材料，用血汗和生命书写了一段段红色的记忆。正是在这极其艰苦的环境下，酒钢的几代创业者和建设者用勤劳、心血、汗水和智慧，经过长期奋斗拼搏，孕育创造和提炼升华出了“铁山精神”这一宝贵财富。铁山精神原为“艰苦创业、建设矿山、锲而不舍、勇于献身、坚韧不拔、奋力拼搏、锐意改革、开拓创新”三十二字。1984年5月，酒钢公司党委副书记马忠朴到镜铁山检查工作，了解到矿里提出铁山精神，十分感动，认为应该充分挖掘和提炼这种精神，并在全公司推广。马忠朴的建议为王汝林经理和张浩盛书记所支持，公司党委决定总结推广镜铁山矿铁山精神的经验。1985年4月16日，在马忠朴书记组织的座谈会上，他建议把原来三十二字的内容，精炼概括为十六个字：“艰苦创业、勇于献身、坚韧不拔、开拓前进”。1985年8月8日，酒钢公司和公司党委在镜铁山矿召开了规模宏大的千人动员大会，总结推广铁山精神。公司党委还作出了《关于发扬和学习“铁山精神”的决定》。从此，铁山精神在酒钢扎根、开花、结果。

铁山精神是嘉峪关市工业文化和企业精神的鲜明表达。铁山精神以酒钢，特别是以镜铁山矿创业实践为基础，是对以铁山人为代表的群体精神的高度概括与升华，它不仅是力量和智慧的凝结，而且是广大职工高尚的思想取向和价值选择，是酒钢建设与发展的巨大精神动力，也是酒钢的企业精神。正如著名社会学家、人类学家费孝通先生在视察镜铁山矿时提出，铁山精神实际上是我们民族精神在企业中的缩影。1997年，铁山精神被原冶金部确定为全国冶金系统的六大精神之一，同年被命名为全国冶金行业爱国主义教育基地。在新的历史时期，酒钢公司以铁山精神为核心的企业文化，成为酒钢特有的政治优势，为酒钢人战胜前进道路上的艰难险阻提供了不竭的精神动力。弘扬铁山精神是时代的需要，是企业的期望，是酒钢实现科学发展，不断增强竞争实力的强大动力，也是奠定酒钢百年基业，实现做大做强的生命之源。

打造现代工业文化教育基地是弘扬铁山精神的可行之路。开展工业遗产保护与开发利用工作，就是要通过工业博物馆、展览馆、文化景观、旅游开发等多种方式和途径，围绕酒钢的工业遗产和企业文化，打造现代工业文化教育基地，全方位诠释嘉峪关市工业遗产价值。尤其是以酒钢公司铁山精神和中核四〇四“两弹一星”精神为基本内容，大力培育嘉峪关精神，激发市民热爱嘉峪关，建设嘉峪关的热情。[①] 让人们深刻体会到，正是因为老一辈酒钢人发扬爱国主义精神，坚定社会主义、共产主义信念，艰苦奋斗、勤俭创业、发扬铁山精神，以及发扬艰苦奋斗、开拓创新、开放包容、敢为人先的嘉峪关精神，才一步步把嘉峪关这里的戈壁荒滩建设成为一座欣欣向荣、充满活力的新型现代化工业旅游城市；正是有了这样的厚重历史和文化滋养，我们的这座城市才显得更具文化魅力，吸引了越来越多的游客前来参观和游览，实现了辉煌的发展目标，取得了巨大的发展成就。

三、助力嘉峪关市工业旅游城市融合发展战略

一座城市所拥有的历史、人文和传统文化，是区别于其他城市所独有的宝贵资源，它将为这座城市带来无限的可能性。一个城市的发展既取决于经济实力，也取决于文化实力。城市文化的力量正取代单纯的物质生产和技术进步而日益占据城市经济发展的主流。保留自己的文化，城市才有自信。同时，要对城市的过去注入新

---

① 王锋：《着力建设特色文化强市 为率先实现跨越式发展提供有力支撑》，《嘉峪关发展研究》，光明日报出版社，2015。

鲜的血液，赋予过去新的生命，才是城市发展的必然规律。[①]

近年来，在“一带一路”倡议引领下，嘉峪关市制定了工业和旅游业共同发展的战略规划，将旅游业作为新的经济增长点，到2020年，要把旅游业发展成为嘉峪关市国民经济的战略性支柱产业，把嘉峪关建设成为丝绸之路国际旅游目的地城市和休闲消费型城市。[②]嘉峪关作为一座因关而建的城市，历史文化是其旅游产业的核心要素，而工业文化是又一座亟待开发的文化旅游资源宝藏。嘉峪关市的现代工业遗产有一定的代表性和典型性，具有鲜明的时代特征和区域特色，加之嘉峪关旅游业发展已然形成的巨大优势，完全可以在工业和旅游业相结合发展方面走出一条新路。对工业文化遗产进行深入挖掘，让人们认识到它所蕴含的价值，必定会为城市增添新的文化魅力。

通过建立工业博物馆、工业文化景观，开展工业旅游活动，在一定程度上把工业和旅游业衔接起来。正如工业和信息化部与财政部在《关于推进工业文化发展的指导意见》中提出，要大力发展工业旅游，倡导绿色发展理念，鼓励各地利用工业博物馆、工业遗址、产业园区及现代工厂等资源，打造具有鲜明地域特色的工业旅游产品。加强与相关部门协同，促进工业旅游与传统观光旅游、工业科普教育相结合。鼓励企业通过开放生产车间、设立用户体验中心等形式进行产品展示和品牌宣传，建设一批具有社会公益功能的工业旅游示范点。这样做的目的就是将工业和旅游产业结合起来，综合利用工业文化资源，统筹利用各方力量，产生发展合力，打造工业文化教育基地，充分发挥工业遗产的经济效益和社会效益，将工业文化产业发展成为经济增长的新亮点。

通过综合利用工业文化资源，打造工业文化教育基地，还可以助力嘉峪关从工业城市向工业和旅游业融合发展的城市转变，在新的历史时期实现城市再生的

---

① 单霁翔：《从“功能城市”走向“文化城市”发展路径辨析》，《文化遗产·思行文丛》（论文卷），天津大学出版社，2012。

② 参见《嘉峪关市“十三五”旅游业发展规划》。

目标。美国著名城市理论家刘易斯·芒福德（Lewis Mumford）曾提出，决定一个城市品位和地位的绝不仅仅是规模的大小和居民数量的多少，事实上它更和城市的文化内涵和精神品格息息相关。嘉峪关一直以来是西部地区发展较快的城市，城市规划超前，环境优美，文化底蕴深厚，现代化特征鲜明，具有“戈壁明珠”之称，工业和旅游业都具有相当发展规模，也是未来产业的主要发展方向。从城市生态环境的保护角度来说，嘉峪关在保留历史遗迹，让自身的历史文化、历史格局继续发挥作用的同时，还可以建立承前启后的富有内涵的工业文化脉络。工业遗产作为再生的、更新的源泉，可以创造出与传统文化一脉相承又有自己特色的景观。从国内外许多工业遗产改造和工业文化教育的经验来看，开展工业文化活动本身就具有教育功能。人们可以从保护原有工业形式中，感受到工业时代留有历史印痕的怀旧情感，从中得到精神的正能量。从人文精神的层面来说，一个城市的发展需要一种归属感，而工业遗产恰巧提供这样一种可能。它可以引导人们学会从其他的文化中汲取精神内力，同时又珍视我们已有的文化。打造工业文化教育基地，就是为了延续和充实我们城市的文化脉络，使城市的发展具有方向性和前瞻性，不断增强城市的综合实力，夯实文化产业发展基础，实现工业和旅游融合发展的战略目标。

参考文献

一、著作

1. 张京成、刘利永、刘光宇：《工业遗产的保护与利用——“创意经济时代”的视角》，北京大学出版社，2013。

2. 宋颖：《上海工业遗产的保护与再利用研究》，复旦大学出版社，2014。

3. 陆地：《建筑的生与死——历史性建筑再利用研究》，东南大学出版社，2004。

4. 刘光华主编、武沐：《甘肃通史·明清卷》，甘肃人民出版社，2009。

5. 甘肃省档案馆编《晚清以来甘肃印象》，敦煌文艺出版社，2008。

6. 吉福荣主编《兰州市工业遗产图录》，兰州市文物局，2008。

7. 张克复主编《甘肃史话》，甘肃文化出版社，2007。

8. 甘肃省文物局编《甘肃省第三次全国文物普查重要新发现》，三秦出版社，2011。

9. 刘光华主编《甘肃通史·中华民国卷》，甘肃人民出版社，2009。

10.《嘉峪关年鉴》编纂委员会编《嘉峪关年鉴（2012）》，甘肃文化出版社，2012。

11.《嘉峪关市志》编纂委员会编《嘉峪关市志》，甘肃人民出版，1990。

12. 酒钢志编纂委员会编《酒钢五十年·酒钢志（1958—2008）》。

13. 张军武编著《嘉峪关漫话》，甘肃人民出版社，1997。

14. 杨柳清主编《钢铁雄师建酒钢》，中央文献出版社，2020。

15. 高凤山、张军武：《嘉峪关及明长城》，文物出版社，1989。

16. 甘肃省文物队、甘肃省博物馆、嘉峪关市文物管理所：《嘉峪关壁画墓发掘报告》，文物出版社，1985。
17. 杨慧福、张军武：《嘉峪关黑山岩画》，甘肃人民出版社，2001。
18. 彼得·弗兰科潘《丝绸之路：一部全新的世界史》，邵旭东、孙芳译，浙江大学出版社，2016。
19. 邵如林、吴梅萍：《中国河西走廊》，中国旅游出版社，2013。
20.《嘉峪关志》编纂委员会编《嘉峪关志》，甘肃人民出版社，2011。
21. 肖安鹿、段建玲：《文化产业发展与文化大省建设》，甘肃文化出版社，2012。
22. 王宗礼主编《华夏文明传承创新在甘肃》，甘肃文化出版社，2013。
23. 韦峰主编《在历史中重构：工业建筑遗产保护更新理论与实践》，化学工业出版社，2015。
24. 俞孔坚、庞伟：《足下文化与野草之美——产业用地再生设计探索》，中国建筑工业出版社，2003。
25. 哈静、徐浩铭：《鞍山工业遗产保护与再利用》，华南理工大学出版社，2017。
26. 王锋：《嘉峪关发展研究》，光明日报出版社，2015。
27. 单霁翔：《从“功能城市”走向“文化城市”发展路径辨析》，《文化遗产·思行文丛》（论文卷），天津大学出版社，2012。
28. 无锡市文化遗产局编《中国工业遗产保护论坛文集》，凤凰出版社，2007年。
29. 国家文物局文保司、无锡市文化遗产局编《中国工业遗产保护论坛文集》，凤凰出版社，2007。

二、期刊

1. 金碚：《世界工业革命的缘起、历程与趋势》，《南京政治学院学报》2015年第1期。
2. 季宏：《〈下塔吉尔宪章〉之后国际工业遗产保护理念的嬗变——以〈都柏林原则〉与〈台北亚洲工业遗产宣言〉为例》，《新建筑》2017年第5期。
3.《工业遗产之〈下塔吉尔宪章〉》，《建筑创作》2008年8月。

4. 刘翔：《工业遗产的认定及价值构成》，《滨州学院学报》2009年8月。

5. 姜振寰：《工业遗产的价值与研究方法论》，《工程研究》2009年12月。

6. 芦荣：《国内外工业遗产研究对比分析》，《黄冈师范学院学报》2016年4月。

7. 陈元夫：《工业遗产价值与开发》，《企业文明》2017年4月。

8. 崔卫华：《国内外工业遗产研究述评》，《中国文化遗产》2015年第5期。

9. 李辉、周武忠：《我国工业遗产地保护与利用研究评述》，《东南大学学报》2005年12月。

10. 俞孔坚、方琬丽：《中国工业遗产初探》，《建筑学报》2006年8月。

11. 阙维民：《国际工业遗产的保护与管理》，《北京大学学报》（自然科学版）2006年9月。

12. 田燕、李百浩：《方兴未艾的工业遗产研究》，《规划师》2008年第4期。

13. 刘伯英、李匡：《北京工业遗产评价办法初探》，《建筑学报》2008年12月。

14. 王颖、孙斌栋：《中法工业建筑遗产保护与再利用的比较研究初探》，《国际城市规划》2009年2月。

15. 韩福文、佟玉权：《东北地区工业遗产保护与旅游利用》，《经济地理》2010年1月。

16. 张健、隋倩倩、吕元：《工业遗产价值标准及适宜性再利用模式初探》，《建筑学报》2011年5月。

17. 刘伯英：《对工业遗产的困惑与再认识》，《建筑遗产》2017年第1期。

18. 刘伯英、李匡：《中国工业发展三个重要历史时期回顾》，《北京规划建设》2011年1月。

19. 胡燕：《中国工业遗产保护研讨会在杭州举行》，《城市发展研究》2012年12月。

20. 王庭科：《三线建设与西部大开发》，《四川党史》2000年第6期。

21. 戴海雁：《兰州市工业遗产的现状与保护情况概述》，《北京规划建设》2012年11月。

22. 徐秀娟、郑蓓媛：《探寻兰州市工业遗产保护与旅游可持续发展的双赢模式》，《现代经济信息》2017年2月。

23. 刘抚英、邹涛、栗德祥：《后工业景观公园的典范——德国鲁尔区北杜伊斯堡景观公园考察研究》，《华中建筑》2007年11月。

24. 单霁翔：《工业遗产保护的现状分析与思考：关注新型文化遗产保护》，国际博物馆中文版第1辑，2006年10月。

25. 丁芳、徐子琳：《中国工业遗产的法律保护研究》，《科技信息》2012年第1期。

26. 单霁翔：《关注新型文化遗产——工业遗产的保护》，《中国文化遗产》2006年第4期。

27. 刘抚英：《德国埃森“关税同盟”煤矿VII号矿井及炼焦厂工业遗产保护与再利用》，《华中建筑》2012年第3期。

28. 马航、苏妮娅：《德国工业遗产保护和开发再利用的政策和策略分析——以北威州鲁尔区为例》，《南方建筑》2012年第1期。

29. 鞠叶辛、梅洪元、费腾：《从旧厂房到博物馆——工业遗产保护与再生的新途径》，《建筑科学》2010年6月。

30. 董一平、侯斌超：《英国工业建筑遗产保护与城市再生的语境转换——以阿尔伯特船坞地区为例》，《城市建筑》2012年8月。

31. 苗琦、陆伟：《关于历史性建筑改造与再利用的思考》，《新建筑》2007年第3期。

32. 申晓勤：《北海道小樽 玻璃王国和冬季浪漫之城》，《城市地理》2018年3月。

33. 王闯：《试论“中国工业博物馆”的建立与发展——以沈阳老工业基地为背景》，辽宁省博物馆馆刊（2012）。

34. 黄劲：《抢救工业文化遗产　传承工业历史文化　彰显工业名城魅力——原柳州市第三棉纺厂改建柳州工业博物馆》，《广西城镇建设》2014年3月。

35. 杨欢、陈厉辞：《秦皇岛市玻璃博物馆与工业遗产保护》，《文物春秋》2013年第4期。

36. 俞孔坚、庞伟：《理解设计：中山岐江公园工业旧址再利用》，《建筑学报》2002年8月。

37. 郭庆忠、滕建华、许士强：《建设矿山公园　弘扬矿冶文化——黄石国家矿山公园建设实践和启示》，《资源环境与工程》2008年6月。

38. 孔建华：《北京798艺术区发展研究》，《新视野》2009年1月。

39. 韩好齐、徐峰、黄贻平：《上海近代产业建筑的保护性利用初探——以莫干山路50号为例》，《新建筑》2004年第6期。

40. 周雯怡、皮埃尔·向博荣：《工业遗产的保护与再生 从国棉十七厂到上海国际时尚中心》，《时代建筑》2011年第4期。

41. 朱亮、何川：《青岛创意100产业园》，《装饰》2009年第5期。

42. 王新哲、周荣喜：《工业文化研究综述》，《哈尔滨工业大学学报》（社会科学版）2015年1月。

43. 叶晓颖、韩福文：《中国工业遗产保护与普及教育探析》，《经济研究导刊》2009年第13期。

44. 王秀芝：《以工业遗产为依托拓展高校爱国主义教育新途径》，《沈阳大学学报》（社会科学版）2014年12月。

45. 周洁：《"一带一路"历史文化观再思考——兼谈丝路文化遗产的价值发现与开发传承》，《中华文化论坛》2017年第11期。

三、论文

1. 王军：《工业遗产价值的保护与延续》，硕士学位论文，青岛理工大学建筑与城乡规划学院，2015。

2. 朱怡晨、李振宇：《中国第七届工业建筑遗产学术研讨会论文》，2016。

3. 姜涛：《沈阳铁西区旧工业建筑改造再利用研究》，硕士学位论文，大连理工大学建筑与艺术学院，2010。

4. 张晶：《工业遗产保护性旅游开发研究》，硕士学位论文，上海师范大学旅游学院，2007。

5. 杨继梅：《城市再生的文化催化研究》，博士学位论文，同济大学建筑与城市规划学院，2008。
6. 卢美婷：《场所精神在中山岐江公园的表现》，硕士学位论文，广东工业大学，2014。
7. 窦静静：《工业遗产改造中建筑文脉的表达与传承——以青岛啤酒博物馆为例》，硕士学位论文，山东大学土建与水利学院，2016。
8. 郭斌：《青岛市纺织工业建筑遗产的保护策略与开发模式研究》，硕士学位论文，青岛理工大学建筑与城市规划学院，2010。

四、报纸

1. 彩荷：《“工业遗产”保护：一个紧迫而前瞻的战略课题》，《中国文化报》2006年4月25日。
2. 郑春蕾：《重塑工业之魂 开创强国未来——工信部发布首批国家工业遗产名单》，《中国工业报》2017年12月26日。
3. 单霁翔：《关于保护工业遗产的思考》，《中国文物报》2006年6月2日。
4. 袁媛：《编制规划完善措施 推动工业遗产保护与利用》，《绵阳日报》2017年11月17日。
5. 杨雪：《工业遗产：不能忘却的纪念》，《科技日报》2018年2月6日。
6. 王砚：《在首届联合国海陆丝绸之路城市联盟丝绸之路非物质文化遗产大会上的主旨演讲》，嘉峪关新闻网，2017年11月28日。
7. 胡杨：《丝路山水地图的起点为什么是嘉峪》，嘉峪关新闻网，2018年3月6日。
8. 谓知：《“铜城”的工业遗产——白银露天矿旧址》，《中国文物报》2012年3月23日。
9. 何茜：《工业遗产保护存在诸多问题》，《四川日报》2006年4月26日。
10. 朱怡晨、李振宇：《西雅图煤气厂公园：从滨水工业遗址到都市景观公园》，澎湃新闻，2016年12月15日。

11. 林卫光：《英国铁桥峡谷：记录“工业考古学”之美》，《光明日报》2017年1月14日。
12. 李志刚：《如何推动工业旅游“上台阶”？》，《中国旅游报》2017年12月24日。
13. 韦德占：《兰铁冰川观光列车开行》，每日甘肃网，2016年9月9日。

后 记

作为一名长期从事文化遗产保护的工作者，关注和研究本地区各类文化遗产是职责所在，也是情怀所在。嘉峪关市第三次全国文物普查期间，我曾带队调查了全市的工业遗产，当时跑遍了市区内外各类工厂企业，深入酒钢公司各个厂矿车间，对产业工人的工作和生活有了亲身体验，被他们热火朝天的劳动场景和条件艰苦的工作环境所震撼，也被他们艰苦创业、勇于献身的精神所感动，对他们创造的工业价值和精神财富由衷敬佩，也对工业遗产有了全新认识，进而使我萌生了深入研究的愿望。后来，我以《嘉峪关市工业遗产调查与保护利用研究》为题，申报了甘肃省文物科学和技术研究课题及雄关人才扶持计划项目，最终得以立项实施，并以此著作为项目成果。

本书写作时尝试将嘉峪关市工业遗产放在中国现代工业遗产这样一个大背景下，记述工业遗产产生的时代背景和历史意义，并探讨了将工业遗产与传统的文化旅游资源进行有效对接，找到工业遗产保护和利用的可行途径，实现工业遗产先保护后开发、以开发促保护的目标。但在具体写作过程中，也遇到一些问题。一是工业遗产认定目前还没有统一的标准，各地对工业遗产认定方法也不尽相同，许多认定标准还处在探索阶段，加之标准的确立不是个别部门和个别行业所能独立完成。因此，本书在工业遗产认定方面采取了较为宽泛的时间和价值标准，旨在尽可能保留较多的遗产信息，期望在以后的研究中再进一步探讨。二是一些工业遗产涉及科技方面的内容，由于专业知识所限，没有进行深入分析和研究。以上这些肯定存在诸多不足，本书在此抛砖引玉，希望引起相关领域专家和学者的关注，以便更好地推进工业遗产保护和研究工作。

本书筹划时正值我在母校西北师范大学历史文化学院访学研修，何玉红院长鼓励我在学习期间做一些具体研究工作，并指导完善写作提纲，拙作成书后又在百忙之中撰写序言；张连银教授、尚季芳教授在课间时常与我交流，并时常提供最新参考资料，让我不断开阔研究视野。在学习研究过程中，甘肃省文物考古研究所陈国科所长、省文物局梁建宏处长、长城博物馆张晓东馆长一直给予我鼓励，并给我不少研究建议。课题立项实施后，丝路（长城）文化研究院陈新长院长、俞春荣副院长、胡文平副院长也给予了大力支持。在实地调查期间，酒钢公司党委宣传部高潜主任为调查工作提供了许多便利，同事张晓燕、杨梅、石亚卿、牛海鹏、马振祥等同志协助完成了调查和资料整理工作。本书出版时，编辑赵维娟、胡鹏老师多次和我沟通提出不少专业修改建议，图书设计石磊老师也出力良多，都使拙作增色不少。在此，对他们一并致以最诚挚的谢意！

另外，我家人的倾情付出和朋友的时常鼓励一直是我从事文化遗产保护工作的源动力，没有你们的付出和支持我很难完成此项工作。

许海军

2021年12月1日